Daniele Gouthier
Federica Manzoli

Il solito Albert
e la piccola Dolly

La scienza dei bambini
e dei ragazzi

Springer

D. GOUTHIER
ICS, Innovazioni nella Comunicazione della Scienza

F. MANZOLI
ICS, Innovazioni nella Comunicazione della Scienza

ISBN 978-88-470-0766-6
ISBN 978-88-470-0767-3 (eBook)

Springer-Verlag fa parte di Springer Science+Business Media
springer.com
© Springer-Verlag Italia, Milano 2008

Quest'opera è protetta dalla legge sul diritto d'autore. Tutti i diritti, in particolare quelli relativi alla traduzione, alla ristampa, all'uso di figure e tabelle, alla citazione orale, alla trasmissione radiofonica o televisiva, alla riproduzione su microfilm o in database, alla diversa riproduzione in qualsiasi altra forma (stampa o elettronica) rimangono riservati anche nel caso di utilizzo parziale. Una riproduzione di quest'opera, oppure di parte di questa, è anche nel caso specifico solo ammessa nei limiti stabiliti dalla legge sul diritto d'autore, ed è soggetta all'autorizzazione dell'Editore. La violazione delle norme comporta le sanzioni previste dalla legge.

Collana ideata e curata da: Marina Forlizzi

Redazione: Barbara Amorese
Progetto grafico e impaginazione: Valentina Greco, Milano
Progetto grafico della copertina: Simona Colombo, Milano
Disegni in copertina: Geraldine D'Alessandris
Stampa: Grafiche Porpora, Segrate, Milano

Springer-Verlag Italia S.r.l., via Decembrio 28, I-20137 Milano

Prefazione

di **Pietro Greco**

Un giorno il papà mostra una bussola al suo bambino. Il piccolo vede l'ago puntare deciso verso una direzione fissa, senza alcun apparente motivo, e si emoziona, inizia a rabbrividire e poi a tremare. Per la meraviglia, certo. Ma forse anche per qualcosa d'altro. Forse ha la percezione che per afferrare la verità sulla natura occorre andare oltre le apparenze. "Capii allora – dirà molto più tardi – che dietro alle cose doveva esserci un che di profondamente nascosto". Quel bambino aveva cinque anni e si chiamava Albert. Albert Einstein.

Spenderà la sua vita, come molti, nel cercare di far emergere quello che c'è di profondamente nascosto dietro alle cose. Come pochissimi, avrà successo.

Questo episodio della vita di uno dei più grandi fisici di tutti i tempi ci dice due o tre cose, in apparenza piuttosto banali. Anche gli scienziati sono stati bambini e poi ragazzi. Anche i bambini e i ragazzi hanno un immaginario scientifico. L'immaginario scientifico dei bambini e dei ragazzi può avere un ruolo nella storia della scienza.

Certo, sarebbe sbagliato sostenere che nel 1905 Einstein ha elaborato la teoria della relatività ristretta e ha dimostrato l'equivalenza, nascosta al senso comune, tra materia ed energia, esprimendola nella formula forse più nota di tutti i tempi, $E = m\,c^2$, perché il papà gli ha mostrato una bussola da bambino o perché, da ragazzo, ha letto il libro *Kraft und Stoff* (*Energia e materia*), in cui un divulgatore di metà ottocento, Ludwig Büchner, proponeva la sua concezione materialistica del mondo e avanzava l'idea piuttosto bizzarra a quel tempo di un'intima unità tra materia ed energia.

La scienza, come sosterrà lo stesso Einstein,

> in quanto corpo di conoscenze esistente e finito è ciò che di più oggettivo e impersonale gli esseri umani conoscono.

Nelle formule della fisica, quindi, non possiamo trovare l'immaginario di un bambino. Tuttavia Einstein continua e dice che se noi guardiamo non alla scienza già nata, ma alla

> scienza *mentre sta per nascere*, alla scienza come aspirazione, allora essa ci appare altrettanto soggettiva e psicologicamente condizionata di ogni altra attività umana.

Se ci poniamo in quest'ottica, ci accorgiamo che la visione del mondo, le emozioni, l'immaginario, l'*imprinting* infantile e lo struggimento adolescenziale giocano un ruolo addirittura decisivo sia nel creare il percorso di interessi che induce uno scienziato a occuparsi di certe cose e non di altre, sia nel creare il filtro squisitamente metafisico che egli utilizza per mettere ordine in maniera preliminare agli stimoli che gli offre la natura. Il fisico tedesco chiama, appunto, *personal struggle* questo percorso soggettivo che lo scienziato compie nella fase in cui la *scienza sta per nascere*.

Albert Einstein è uno dei protagonisti dell'originale viaggio che Daniele Gouthier e Federica Manzoli hanno compiuto nell'immaginario scientifico dei bambini e dei ragazzi italiani e che ci raccontano in questo libro, il cui titolo è, non a caso *Il solito Albert e la piccola Dolly*. A oltre cinquant'anni dalla morte, il fisico tedesco resta un mito che attraversa indenne il succedersi delle generazioni.

Certo, pochi, tra i lettori di questo libro, diventeranno scienziati. E pochissimi avranno la possibilità di diventare dei nuovi Einstein. Tuttavia noi tutti abbiamo avuto un *imprinting* scientifico da bambini, poi maturato nelle età successive. E se è molto probabile che il nostro immaginario non avrà un ruolo rilevante nella storia della scienza, è certo che ha un ruolo non banale nella storia della società fondata sulla conoscenza che tutti insieme stiamo costruendo e, in particolare, ha un ruolo nel *personal struggle*, nel percorso soggettivo con cui ciascuno di noi contribuisce a far nascere e sviluppare la nostra vita sociale, sempre più informata dalla conoscenza e, in particolare, dalla conoscenza scientifica.

Cosicché analizzare con metodo l'immagine della scienza che hanno i nostri bambini e i nostri ragazzi oggi se non può fornirci indicazione alcuna su se, quando e come arriverà un nuovo Einstein a scombussolare le acque della scienza, ci fornisce indicazioni molto utili per prevedere, nei limiti del possibile, come saranno i rapporti tra scienza e società nel futuro prossimo venturo.

Se l'immaginario scientifico dei nostri bambini e dei nostri ragazzi è oggi povero e asfittico, il rapporto tra scienza e società in un futuro sempre più informato dalla conoscenza ne soffrirà non poco. Se, al contrario, questo immaginario è ricco e creativo, la società della conoscenza del futuro ne trarrà gran beneficio.

Quindi ben vengano analisi di questo tipo, ahimé ancora troppo rare, perché ci aiutano ad "aggiustare il tiro". A costruire una cultura scientifica solida e diffusa. A cercare di realizzare, in definitiva, una società migliore. Soprattutto se, come spesso succede con le ricerche originali, demoliscono incrostati luoghi comuni. E questo libro ne demolisce almeno uno, di luogo comune. Il più coriaceo di tutti. Quello secondo cui l'immaginario dei nostri bambini e dei nostri ragazzi è impoverito da un'eccessiva esposizione a una cultura mediatica omologante.

Non è vero. Non nel caso dell'immagine che i nostri ragazzi e, soprattutto, i nostri bambini hanno della scienza. Malgrado i nostri media e la loro crisi, malgrado la nostra scuola e la sua (vera o presunta) crisi, malgrado le difficoltà (vere o presunte) delle nostre famiglie, da questa ricerca emerge un immaginario scientifico ricco e variegato. Certo, spesso anche ambiguo e contraddittorio. Ma mai tutto bianco o tutto nero. Ci sono, per fortuna, moltissimi grigi, anzi moltissimi colori e variazioni di tonalità. Segno che i nostri bambini e i nostri ragazzi sono capaci di rielaborare in maniera critica e creativa gli stimoli che ricevono. Ma segno anche che – a casa o a scuola, in televisione o su internet – ci sono ancora papà (e mamme) che mostrano bussole capaci di emozionare e scrittori che aprono a nuovi mondi. Su questa ricchezza possiamo contare. Da questa ricchezza dobbiamo ripartire.

Indice

Introduzione

La scienza è cultura e, come tutta la cultura, si propaga non solo e non tanto nella forma di nozioni, concetti, affermazioni su fatti determinati, ma prima ancora per mezzo di immagini, storie, sogni e metafore. Le contraddizioni e l'ambivalenza dell'immaginario scientifico sono interpretabili come prova della vitalità e della profondità delle radici che la scienza ha nella società.

La scienza modifica radicalmente non solo la nostra vita quotidiana, ma anche la percezione che abbiamo dell'universo che ci circonda e di noi stessi. D'altra parte, gli obiettivi della ricerca sono delineati non solo sulla base delle aspettative della comunità scientifica, ma sempre più spesso in relazione a quelle dell'intera società; allo stesso modo gli effetti della ricerca hanno sempre più spesso ricadute immediate, notevoli e complesse. Il dibattito più attuale è quello sulle tecnologie, ma le riflessioni pubbliche in tema di medicina o di genetica sono esempi eclatanti e consolidati negli strati della memoria collettiva.

E poiché la cultura scientifica è espressione delle modalità attraverso le quali la collettività rappresenta e fa proprie la scienza e la tecnologia, il modo più efficace per studiarla si trova allora nella sua dinamica sociale, a partire dai luoghi dove hanno origine e si costruiscono le rappresentazioni degli scienziati e delle scienziate, del loro ruolo, dei loro obiettivi e metodi, dei loro risultati e delle attese nei loro confronti. La diffusione della cultura scientifica avviene attraverso canali più o meno istituzionali: dall'insegnamento scolastico alla divulgazione, dalla radio alla televisione, da internet ai libri, dai musei tradizionali ai *science center*; ma anche attraverso il passaparola, le discussioni a tavola, le scelte negli acquisti, il lessico famigliare, il confronto tra pari, le visite mediche.

Presupposto di questo libro è che, come in tutti gli ambiti culturali, anche in quello scientifico, al di là della conoscenza esplicita, esista una rete complessa, razionale, ma anche emotiva: qui si vanno a collocare le informazioni ricevute dall'esterno, qui vengono filtrate e ordinate. Questa rete è patrimonio di tutti, esperti e non esperti, adulti e bambini. Il nostro scopo non è di indagare ciò che le persone sanno di scienza, bensì gettare una luce sulla ricchezza di questa rete.

L'interesse non è quello di misurare l'alfabetizzazione scientifica dei cittadini, quanto di capire che cosa intendono per scienziato, quali prassi attribuiscono alla sua attività, quanto si identificano con lui, quali caratteristiche associano al metodo con cui opera. Studiare l'atteggiamento della società nei confronti della cultura scientifica è molto più significativo di quanto lo sia cercare di misurare la distanza tra il bagaglio di conoscenze di un individuo e un bagaglio ideale che dovrebbe avere per raggiungere standard prefissati. Pur rimanendo al di fuori degli studi sull'educazione, ci proponiamo di ricostruire l'immaginario scientifico di un pubblico particolare, quello dei bambini delle scuole elementari e dei giovani del biennio delle superiori, passando attraverso la loro percezione della figura dello scienziato. Poiché le decisioni dei cittadini influenzano sempre più gli indirizzi della ricerca e poiché i bambini di oggi sono i decisori di domani, capire il loro atteggiamento nei confronti della scienza è per noi particolarmente indicativo. La scelta di studiare il pubblico dei bambini delle elementari risiede nella loro capacità di riflettere la sostanza dei dibattiti del mondo adulto in maniera a volte indiretta, ma spesso estremamente articolata e profonda; l'interesse nei confronti di cosa pensano i ragazzi delle superiori, invece, deriva dal loro essere veicoli di un'idea di scienza evoluta sotto l'influsso sempre più consapevole della scuola e dei media.

Inoltre, i pubblici ai quali è comunicata la scienza – dalle ong agli insegnanti, dai politici ai giornalisti, dai manager dell'industria al pubblico generico, dagli accademici ai bambini – non hanno come unico e comune referente gli scienziati. Piuttosto, dialogano fra di loro e il loro dialogo è produttivo e influenza le loro decisioni. I bambini e i ragazzi formano il loro immaginario attingendo a fonti molteplici, guardano la televisione, giocano con i videogame e, sebbene in maniera molto meno massiccia, leggono i libri di divulgazione e visitano i musei della scienza. In questo libro, ci occuperemo allora di scuola (gli insegnanti ma anche i compagni), famiglia e operatori dei musei, tutti attori della comunicazione, più o meno consapevoli di esserlo, con un ruolo fondamentale nella diffusione e nell'accettabilità sociale della scienza.

La cultura e il contesto locale influenzano in modo rilevante la percezione di bambini e ragazzi sulla scienza e sul mestiere di scienziato. Pregiudizi, sentimenti, ideali e valori intorno a questi temi possono prevalere su fattori meramente cognitivi e solo affrontando questo pubblico in una maniera alternativa a quella *sottrattiva*, che misura invece quanto i ragazzi sanno o non sanno di scienza, è possibile farlo.

Anche per questa ragione abbiamo pensato che fosse più importante concentrarsi sullo studio della figura dello scienziato, incarnazione dell'immaginario e più semplice da caratterizzare, piuttosto che affrontare astrattamente la *scienza*. Nei bambini l'immagine dello scienziato emerge da come parlano del proprio vissuto e del proprio immaginario, specialmente durante il gioco, quando cioè la narrazione è meno mediata, cristallizzata, offuscata da barriere culturali e convenienze sociali, e conferma le paure o gli atteggiamenti di fiducia che percepiscono negli altri. Nei ragazzi emerge dalle risposte a domande sulla caratterizzazione della figura dello scienziato, del suo mestiere, della missione della scienza e della loro proiezione nel mondo della ricerca.

La figura dello scienziato che ricostruiamo è aderente allo stereotipo, ma rivela anche una grande complessità, comprende alcune contraddizioni rilevanti, rispecchia le sue caratteristiche quotidiane, pratiche ed etiche. Lo scienziato è una persona normale, che guarda a fatti normali con uno sguardo speciale. Lo scienziato non è un genio e non sta sulla torre d'avorio: al contrario vive nella società. I bambini e i ragazzi hanno chiara la complessa trama del suo lavoro, della sua dimensione comunitaria e delle sue routine.

I ragazzi pensano però che quella dello scienziato non sia una professione da praticare: essere un buono scienziato richiede di fare sacrifici e studiare molto, cosa che raramente sono disposti a fare.

Nella loro considerazione, comunque, la scienza è un'attività sociale: la società ha bisogno della scienza per il proprio progresso e la scienza ha bisogno della società per il proprio sviluppo. Ha

4

un ruolo significativo nella nostra storia recente e in futuro risolverà molti problemi. Ma, contemporaneamente, non sarà in grado di vincere le sfide più importanti: la povertà, la fame e la guerra.

Per i bambini, la scienza e lo scienziato si vestono di miti e s'intravede lo *stregone* sotto gli abiti del ricercatore sperimentale e tecnologico, svelando quelli che sono gli aspetti più importanti delle rappresentazioni attuali intorno alla scienza, conditi da evidenti influenze mediatiche. Lo stereotipo dello scienziato pazzo, il suo essere inventore, ricercatore e stregone si mescolano nella percezione del nostro pubblico. La razionalità scientifica si unisce al suo statuto magico e la sua figura, all'incontro di due termini contrari, diventa infine mitica.

Ferrara, 14 febbraio 2008,
Daniele Gouthier, Federica Manzoli

Miti e immagini
della scienza moderna

degli autori
con Yurij Castelfranchi

Tracce di scienza nell'immaginario

Matti ma lucidi, geniali ma con la testa fra le nuvole, appassionati
o privi di sentimenti, benefattori dell'umanità o diabolici, eroi o
criminali: fumetti, film, sceneggiati e romanzi dipingono gli scienziati attraverso una tavolozza di colori che appare straordinaria-
mente complessa, ricca di contraddizioni e di stereotipi ambiva-
lenti. Più in generale, l'immagine della scienza costruita dai
media, narrata dalla letteratura, distillata nell'arte, è quella di
un'avventura umana logica e magica, carica di tenerezza e di
aspetti inquietanti, generosa di promesse e gravida di pericoli,
fonte di una conoscenza obiettiva e democratica, ma allo stesso
tempo dotata di un linguaggio esoterico, inaccessibile ai più.

Quando si cerca di risolvere queste contraddizioni, una delle
ipotesi tradizionali è di imputarle a una paura della scienza che
sarebbe frutto a sua volta di una scarsa cultura scientifica di base:
la gente non conosce a sufficienza la scienza né il suo metodo; ciò
che non conosciamo ci fa paura; ergo, la gente ha paura della
scienza e delle sue applicazioni tecnologiche innovative, mostra
reverenza e allo stesso tempo diffidenza nei confronti dello scienziato, che appare come un mago o uno stregone.

Se tale sillogismo sembra tranquillizzante ad alcuni, è tuttavia
sbagliato nelle premesse come nelle conclusioni. Un livello di
alfabetizzazione scientifica basso non è sempre sinonimo di ostilità o di scarsa fiducia nei confronti della scienza, tutt'altro. E viceversa, un discreto livello di educazione scientifica non corrispon-
de sempre a un'accettazione meno critica delle applicazioni tecnologiche derivate dalla ricerca di punta. Infine, la crescita, ipotiz-
zata da alcuni, di un movimento irrazionalistico, anti-scientifico, di

persone che hanno paura della scienza, è smentita dai fatti. La scienza è sempre più un punto di forza per la pubblicità e per il cinema. Nella prima è sinonimo di qualità dei prodotti e dei servizi, nel secondo è una chiave per raccontare storie e per presentare i problemi del mondo. E il cinema da par suo ci offre una galleria di figure spesso in contrasto tra loro, ma che rappresentano lo scienziato a tutto tondo: l'apprendista stregone e l'inventore svitato; lo scienziato umano e quello utopista; l'eroe fantastico e il personaggio storico. Sono caratteri che variano dall'alchimista malvagio allo spirito nobile, dallo scienziato stolto al ricercatore inumano, dallo scienziato avventuriero a quello pazzo, cattivo, pericoloso.

Le contraddizioni dell'immaginario scientifico contemporaneo sono interpretabili come prova della vitalità e della profondità delle radici che la scienza ha nella società. La scienza è cultura e, come tutta la cultura, si propaga non solo e non tanto nella forma di nozioni, concetti, affermazioni isolate su fatti determinati, ma prima ancora per mezzo di storie, metafore, sogni, rappresentazioni mentali complesse, nelle quali l'ambivalenza gioca un ruolo cruciale.

Nella tradizione degli studi sulla scienza, fino a pochi anni fa la cultura scientifica è stata studiata e discussa più analizzandone lacune e deficit che non ricercandone i contenuti. Ed è stata misurata più per mezzo di dati, nozioni, concetti, opinioni che il pubblico possiede o non possiede riguardo la scienza, che non per aspetti culturali più reconditi, profondi come le metafore, i simboli, l'immaginario. Questionari che cercano di misurare la comprensione pubblica della scienza ci hanno mostrato quanto e cosa la gente *non* sa, *non* capisce, *non* riesce ad accettare. Sono dati importanti, ma che raccontano metà della storia: permettono un'analisi sottrattiva e pessimista, in termini di quanta parte dell'informazione vada persa o degradata nel cammino fra la produzione scientifica e il pubblico, o meglio i pubblici. Ma ci aiutano poco a capire la forma e i modi con i quali le persone costruiscono le proprie competenze scientifiche e la propria immagine della scienza e dello scienziato.

Studi sulla percezione pubblica della scienza, su come la scienza viene vista e percepita indipendentemente dalle conoscenze e dalle interpretazioni di chi le vede e percepisce, permettono invece un approccio additivo: contribuiscono ad aprire il sipario sul contesto e sui simboli che tutti noi sovrapponiamo, prima e aldilà dell'informazione che riceviamo dai media o dalla scuola, per costruire la nostra immagine di scienza e di scienziato.

In questo contesto, uno degli aspetti più interessanti è proprio quello legato all'apparente incoerenza e contraddittorietà della figura dello scienziato. Moltissimi dei racconti mediatici e artistici sulla scienza presentano nello stesso tempo due visioni: una positiva, euforica, in genere preponderante, visibile, ufficiale, e una negativa, intimorita, quasi speculare, minoritaria ma meno di facciata, più profondamente radicata nell'immaginario e più coinvolgente per l'arte come per la fiction. È una visione binoculare, apparentemente bizzarra o imbarazzante, ma è il sintomo di quanto profondamente la scienza sia radicata nella cultura, di quanto forti siano le sue connotazioni simboliche. Perché per avere una vista completa servono due occhi, l'uno che guarda quello che è noto, esplicito, formalizzato; l'altro che scruta quello che sappiamo senza saperlo, che è implicito, che si fonda sulle convinzioni e sulle credenze. Scrive John Turney:

> L'ambivalenza della conoscenza è, naturalmente, un caposaldo dei miti di molte culture, da Prometeo al Giardino dell'Eden.

Del resto la dialettica degli opposti è uno schema fondante nelle storie a carattere mitico come nelle fiabe a sfondo magico. Levi-Strauss è stato fra i primi antropologi a sottolineare come una caratteristica strutturale dei miti sia la loro continua moltiplicazione in varianti legate da un *gruppo delle trasformazioni* basato sulle permutazioni dei personaggi e delle funzioni che essi impersonano rispetto a coppie di opposizioni. Storie antichissime come quella dell'apprendista stregone o di Prometeo, rielaborate in fiabe moderne come quella di Faust o Frankenstein e riprodotte nel gioco di specchi delle mille varianti mediatiche, sembrano allora mostrare come l'immaginario scientifico non sia privo di una componente mitica. La nostra percezione della scienza sembra formata di sedimenti che, comparsi in epoche diverse, anche antecedenti alla nascita della scienza moderna, si sono stratificati e sopravvivono assieme, rielaborati e intrecciati, ricomposti e reinventati. Studiare la cultura scientifica significa perciò anche tentare una sorta di paleontologia dell'immaginario, capace di scavare e incontrare elementi profondi, alcuni dei quali risalgono a epoche precedenti alla scienza stessa.

In questa sede sono stati presi in considerazione tre grandi sedimenti antichi che hanno contribuito a costruire il nostro immaginario sulla conoscenza. Molti di più sono quelli di epoca moderna. Ci limiteremo ad analizzarne alcuni, corrispondenti a periodi nei quali la scienza andava prima definendo la propria pratica epistemologica, poi si costituiva come professione e istituzione sociale e cristallizzava il proprio linguaggio e la propria retorica.

Il frutto proibito, l'apprendista stregone e il Golem

Sin da epoche remote la conoscenza è stata associata a tre grandi dilemmi di carattere mitico, tutti caratterizzati da un punto di vista positivo di entusiasmo e fascino per il nuovo e da un punto di vista negativo di diffidenza o paura: il dilemma *del frutto proibito* restituisce i timori sulla conoscenza in quanto tale; il dilemma *dell'apprendista stregone* parla dei rischi legati alla perdita di controllo sulla conoscenza e sulle sue applicazioni; il dilemma *del Golem* riflette le preoccupazioni sulla manipolazione della natura per mezzo della conoscenza, e il brivido di euforia e paura legato al superamento della frontiera tra inanimato e animato.

In ogni epoca e cultura gli uomini hanno raccontato la conoscenza dell'universo sia come istinto primordiale che come violazione dell'ordine naturale o di quello divino. La conoscenza è indispensabile, ma anche terribile. Nella Bibbia assume la forma del frutto proibito (Genesi, 16-17):

> Ordinò il Signore Dio all'uomo, dicendo: di ogni albero del giardino potrai mangiare il frutto liberamente. Ma dell'albero della conoscenza del bene e del male, di quello non mangerai il frutto; perché nel giorno che te ne nutrirai, certamente sarai morto.

Nella mitologia greca, il fuoco della conoscenza è il furto che Prometeo commette a danno degli dei e a vantaggio degli uomini, al prezzo di una punizione eterna. È un eroe, ma allo stesso tempo autore del crimine più grave che si possa concepire: la ribellione contro il divino. Non meraviglia che, fra le varianti del mito, ce ne sia una nella quale Prometeo non è solo simbolo di libertà, ma anche di orgoglio e presunzione. Il *Prometheus plasticator*, il *plasmatore*, raccontato da Ovidio, si impadronisce della conoscenza e la usa per imitare Dio creando l'uomo: nell'iconografia medievale, Prometeo infonde vita a uomini di argilla collocando nel loro petto la fiamma della vita.

Nella Divina Commedia la dipolarità del conoscere vive in tutta la sua drammaticità nella figura di Ulisse, che decide di attraversare le Colonne d'Ercole a dimostrazione che ciò che distingue la natura umana è proprio il testardo tentativo di seguire *virtute e canoscenza*. Il prezzo da pagare, ancora una volta, è altissimo.

Non è difficile trovare dozzine di esempi che mostrino come gli scienziati stessi non siano insensibili a tali forti suggestioni mitiche, bibliche, letterarie, dell'avventura del conoscere. Pochi anni fa il premio Nobel Walter Gilbert, nel far la propaganda al nascente *Progetto Genoma Umano*, non esitò a paragonare la conoscenza della sequenza di basi del DNA al Santo Graal. La Sissa, l'ente di ricerca che ha promosso l'indagine alla base di questo libro, ha per logo e motto proprio l'avventura di Ulisse come narrata da Dante. E John Burdon Sanderson Haldane dedicò un intero libro alla connotazione mitica che fa da cornice all'attività scientifica. In *Daedalus* (1923) scrisse:

> L'inventore chimico o fisico è sempre un Prometeo. Non esiste grande invenzione, dal fuoco al volo, che non sia stata salutata come un insulto a qualche divinità.

Altro grande sedimento mitico è quello che chiamiamo dell'apprendista stregone, legato al controllo sulla conoscenza e sulle sue applicazioni. La conoscenza è potere, e il potere deve essere gestito e dominato con saggezza. Il mito dell'apprendista stregone, di origine egizia, è trasformato in letteratura attorno al 150 a.C. dallo scrittore siriano ellenistico Luciano di Samosata. Da allora ha visto innumerevoli rivisitazioni, confermando la propria

vitalità in ogni epoca. Una ballata di Johann Wolfgang Goethe lo
fa rivivere in epoca romantica:

Il vecchio maestro d'incantesimi
finalmente è andato via!
E ora devono i suoi spiriti
fare un poco a modo mio!
Le sue parole e l'opere
io ho guardato e i riti,
e con la forza magica
anch'io so fare prodigi.
Corri! Corri
per un tratto bello e buono,
ché allo scopo
scorra l'acqua,
e con ricchi, pieni fiotti
si riversi nella vasca!
E ora, vecchia scopa, vieni,
prendi gli stracci miseri!
È da tempo, ormai, che servi;
ora esegui i miei ordini!
Sta' ritta su due gambe,
ci sia una testa, sopra,
fa' in fretta e vattene
con questa brocca!
[...]
Fermati! Fermati!
Poiché noi
dei tuoi doni
la misura abbiamo colma! –
Ahimè, ora è chiara la faccenda.
Ahi, ahi, ho scordato la parola!
La parola che la riduce, alla
fine, com'era una volta.
Ah, lei corre e porta veloce.
Oh, se tu fossi la vecchia scopa!
Rapida, sempre nuovi flutti
lei porta dentro con sé.
Ah, e cento fiumi

si gettano su di me.

[...]

Oh tu, mostro dell'inferno,
vuoi affogare tutta la casa?
Oltre ogni soglia già vedo
l'acqua a fiumi che dilaga.
Scopa scellerata,
non mi dai ascolto!
Bastone, che sei stata,
fermati di nuovo!

[...]

Ecco, colpita a dovere!
Guarda, in due è spaccata!
Ora posso sperare e tirare il fiato!
Oh, che guaio!
I due pezzi
in gran fretta, come servi, sono pronti a ogni cenno,
all'impiedi ritti stanno!
Oh, aiuto, forze del cielo!
E corrono! L'acqua irrompe
nella sala e su ogni gradino.
Che orrenda massa di onde!
Signore e maestro, ascolta il mio grido! –
Oh, il maestro arriva!
Signore, il pericolo è grande!
Gli spiriti chiamati per magia,
non riesco a liberarmene.
In quell'angolo, presto
scope, scope!
Siate quello che foste!
Come spiriti voi
al suo scopo evoca il vecchio
maestro, e solo lui.

Non è un caso che alla rinascita della fiaba di Luciano avesse contribuito proprio l'autore del Faust. Goethe, interessatissimo alla scienza tanto quanto all'arte, costruisce col Faust una poderosa narrazione sull'ambivalenza del conoscere, interpretata dallo storico americano Marshall Berman come mito fondante della modernità.

Cent'anni dopo la fiaba si fa musica: il francese Paul Dukas, che distrusse gran parte della propria opera poco prima di morire, decise di lasciare memoria di sé con *L'Apprenti Sorcier*, ispirato al poema di Goethe. E nel 1938 Walt Disney veste l'apprendista stregone coi panni di Mickey Mouse, per farne gli otto minuti più celebri del suo *Fantasia*: Mickey Mouse, approfittando dell'assenza del maestro stregone, Yen Sid (leggere da destra per scoprire chi è), si impadronisce del cappello magico e degli incantesimi. Proverà sulla propria pelle quanto sia comico, e catastrofico, possedere il potere della conoscenza senza saperlo controllare.

Terzo grande mito sulla conoscenza, è quello connesso al tema, antichissimo e presente in ogni cultura, della trasformazione degli esseri viventi gli uni negli altri, o quello, dotato di potere di straniamento anche maggiore, di dar vita a corpi inanimati. È il dilemma del Golem. La parola *golem* compare già nella Bibbia, ma, come fosse temibile, è nominata una sola volta, al verso 16 del Salmo 139, che parla di Dio nel momento della Creazione: *Gli occhi Tuoi videro il mio golem e nel Tuo libro erano scritti tutti i giorni a me destinati, prima ancora che ne esistesse uno*. Golem è l'imperfetto, la forma embrionale, l'argilla che ancora deve essere plasmata e divenire persona. È il caos primordiale che sta per assumere struttura grazie al soffio vitale infuso da Dio. Oppure grazie all'opera della magia degli uomini.

Nel 1200 i cabalisti tedeschi tramandano la storia di due mistici che creano dall'argilla una figura di uomo. Tracciano sulla sua fronte la parola ebraica EMET, verità. L'uomo di fango prende vita e dice loro:

> Dio solo creò Adamo. E quando volle che Adamo morisse cancellò l'alef, prima lettera di EMET. Allora non rimase che MET, morte. È ciò che dovete fare con me: non create un altro uomo, o il mondo soccomberà all'idolatria.

Nel sedicesimo secolo la leggenda torna a diffondersi in nuova veste: il rabbino Elia da Chelm crea l'uomo artificiale servendosi del nome segreto e impronunziabile di Dio (in alcune scuole della cabala ebraica si attribuisce potere creativo alle lettere che compongono il nome sacro dell'Eterno). Qualche decennio dopo la storia circola di nuovo, ma questa volta autore del Golem d'argilla è Judah Loew ben Bezale, rabbino capo di Praga. Loew, studioso e teologo, amico di scienziati del calibro di Tycho Brahe e Keplero, visse dal 1525 al 1609 – la sua tomba è ben conservata nell'antico cimitero ebraico di Praga. Ma, secondo la leggenda, fu anche mago e cabalista, e costruì il Golem per difendere gli ebrei del ghetto dai pogrom scatenati dai cristiani. Il mito vede Loew e due assistenti scendere notte tempo sul greto della Moldava. Con l'argilla del fiume plasmano una scultura umanoide. Sette volte l'assistente compie un giro attorno alla statua, da sinistra verso destra, mentre Loew pronuncia la magia segreta: il Golem si accende dello splendore di cento fiamme. Sette volte il secondo assistente gira attorno alla statua, da destra verso sinistra, e ancora risuonano le parole del mistero primordiale: il Golem si spegne, ma sulla sua testa crescono capelli, e unghie sulle sue mani. Sette volte, infine, gira Loew attorno alla creatura del fango, e traccia infine sulla fronte dell'automa le lettere del sacro nome. Golem apre gli occhi, ed è la vita. Ma l'essere artificiale presto diventa un mostro che minaccia il mondo, e deve essere distrutto: il brivido dell'uomo che *gioca a fare Dio*, si intreccia col tema della conoscenza come violazione dell'ordine divino e a quello dell'apprendista stregone.

Di nuovo, la storia del Golem non è sola. Già i greci narravano di Pigmalione che, scolpita la statua di una donna bellissima, se ne innamorò disperatamente. Gli dèi, commossi, diedero vita all'automa.

Gli alchimisti medievali osavano immaginare di più: raccontavano della creazione artificiale, senza intercessione divina, di un essere umano: l'*homunculus*, la cui leggenda risaliva agli gnostici del 250 d.C.

Nel XVI secolo Paracelso (1493-1541) lasciava la ricetta per generare la creatura:

Chiudete per quaranta giorni in un alambicco del liquido spermatico di un uomo; e che si putrefaccia fino a che cominci a vivere e a muoversi, ciò che è facile constatare. Dopo questo tempo, apparirà una forma simile a quella di un uomo, ma trasparente e quasi senza sostanza. Se, dopo questo, si nutre tutti i giorni questo giovane prodotto, prudentemente e accuratamente, con sangue umano e lo si conserva durante quaranta settimane a un calore costantemente uguale a quello del ventre di un cavallo, questo prodotto diventerà un vero e vivente fanciullo, con tutte le sue membra, come quello che è nato dalla donna, soltanto molto più piccolo. Bisogna allevarlo con molta diligenza e molte cure, fino a che egli cresca e cominci a manifestare l'intelligenza.

Sedimenti dell'epoca moderna: novità, metodo e verità

Non è difficile verificare quanto profondamente tali elementi siano penetrati nel nostro immaginario moderno sulla scienza. Quando Mary Shelley cominciò a scrivere *Frankenstein, or the Modern Prometheus* ne era consapevole. Da un lato scriveva nell'introduzione al romanzo:

> Mi detti molto da fare a pensare una storia [...] che parlasse alle misteriose paure sepolte nella nostra natura...

Dall'altro, descriveva Victor Frankenstein allo stesso tempo come uno *studioso di arti non permesse*, ma anche come un giovane che, allontanatosi presto dall'alchimia, abbracciava pienamente la chimica moderna (la Shelley conosceva bene le lezioni spettacolari di Humphry Davy). Frankenstein, al contrario di Prometeo, di Pigmalione, del rabbino Loew o di Faust, riesce a creare la vita senza utilizzare i poteri divini né la magia: lo fa per mezzo della scienza.

Da allora, decine di racconti (*Dr. Jekyll & Mr Hyde*, l'*Isola del Dr. Moreau*) e centinaia di film (*2001, Odissea nello spazio, Terminator, Jurassic Park, Matrix, L'esercito delle dodici scimmie, Gattaca*) hanno ricreato tale lacerante dipolarità del conoscere, i pericoli connessi alla perdita di controllo, la paura legata alla trasformazione del vivente o al dare vita e coscienza a ciò che vivente non è.

Ma questi elementi preistorici non sono gli unici a formare l'immaginario scientifico di oggi. In epoca moderna nuovi sedimenti compaiono a descrivere la scienza come novità e progresso; come metodo e strumento di dominio sulla natura; come sapere democratico per eccellenza, che permette la liberazione dal pregiudizio e dalla superstizione; ma anche come sapere *alto*, separato dal senso comune da un linguaggio e da concetti che pochi possono comprendere.

Il primo elemento compare durante il Rinascimento. Fra il Quindicesimo e il Diciassettesimo secolo l'orizzonte del conoscere umano si apre su nuovi mondi, geografici, biologici, astronomici, tecnologici ed epistemologici, a un ritmo mai visto prima nella storia. Tommaso Campanella registrerà nel 1602 la drammatica accelerazione che la civiltà rinascimentale aveva percepito nei tempi e nelle conoscenze. Scrive nella *Città del Sole*:

> V'è più historia in cent'anni che non ebbe il mondo in quattromila; e più libri si fecero in questi cento che in cinquemila; e l'invenzioni stupende della calamita e stampe ed archibugi, gran segni dell'unione del mondo...

Novum diventa parola chiave nel titolo di decine di libri. Nascono le *wunderkammern*, i *gabinetti delle curiosità*, embrioni del museo scientifico e di storia naturale, dove i nuovi mondi naturali e artificiali erano esposti. Nasce l'idea fondante della modernità, quella del progresso: gli antichi non erano i più saggi. Noi moderni, nani, ma sulle spalle dei giganti del passato, possiamo vedere più lontano. Padri e figli vivono in mondi diversi, e la modernità è caratterizzata dall'oscillazione fra l'euforia del nuovo e la paura del movimento verso l'ignoto. Scrive ancora Berman:

> Essere moderni vuol dire trovarci in un ambiente che promette avventura, potere, gioia, crescita, trasformazione di noi stessi e del mondo e che, allo stesso tempo, minaccia di distruggere tutto ciò che abbiamo, tutto ciò che conosciamo.

Durante la Rivoluzione industriale la scienza definisce il proprio metodo, discute i propri aspetti filosofici, comincia a costruire la propria retorica e la propria ideologia. Francis Bacon dichiara la scienza impresa *attiva e virile*, come destinata al dominio su una natura passiva e femminile, che va violata, svelata e, infine, *condotta a casto matrimonio con l'uomo*. Fra il 1603 e il 1608 Bacon parla del moderno conoscere come di un *parto mascolino del tempo, ovvero la grande instaurazione dell'impero dell'uomo sull'universo*. Attorno al 1627 definirà esplicitamente la propria utopia scientifica nella *New Atlantis*:

Fine della nostra istituzione è la conoscenza delle cause e dei moventi segreti delle cose, per stendere i limiti dell'umano potere verso il raggiungimento di ogni possibile obiettivo.

Una promessa che, sedimentatasi assieme all'antico immaginario sul potere della conoscenza, non poteva che suonare anche come minaccia. Ne è consapevole Bacone stesso, che, rivisitando il mito di Dedalo come metafora del potere dell'applicazione tecnologica delle scoperte scientifiche, scrive:

Colui il quale ideò i meandri del Labirinto, ha mostrato anche la necessità del filo. Le arti meccaniche [...] possono nel contempo produrre il male e offrire un rimedio al male.

Poco dopo, l'Illuminismo fonde e rielabora gli elementi precedenti e fa della scienza col suo incedere progressivo, col suo metodo del dubbio e delle verifiche, intrinsecamente antiautoritario, il simbolo e l'esempio più elevato della ragione stessa.

Nei testi illuministi la scienza è spesso associata agli aggettivi *vero* e *naturale*, e contrapposta agli altri ambiti dell'agire e del conoscere umano, che invece sono dipinti come soggettivi e dipendenti dalle mode o dalle influenze del potere. La scienza è vista come conoscenza pura, oggettiva, unico strumento capace di liberare i popoli dal pregiudizio e dalla superstizione. Jean Baptiste D'Alembert scrive alla voce *geometria* dell'*Encyclopedie*:

Non si è ancora prestata sufficiente attenzione all'utilità che tale studio [della geometria] può avere nell'aprire il cammino allo spirito filosofico e nel preparare un'intera nazione a ricevere la luce che tale spirito può diffondere. Si tratta, forse, del solo mezzo per scuotere alcune contrade d'Europa dal giogo dell'oppressione e dell'ignoranza sotto il quale gemono.

E Voltaire, nella prefazione ai suoi *Elementi della filosofia di Newton*, dichiara, contrapponendo il metodo sperimentale a quello dei filosofi:

Se molti sono i modi di cadere in errore, non c'è che una via che conduce alla verità.

La scienza come rappresentazione culturale

Il Positivismo avrebbe distillato il portato delle epoche precedenti e dipinto la scienza come unica fonte di conoscenza obiettiva e vera, facendone quasi una religione. Nello stesso periodo, la professionalizzazione della scienza, la specializzazione delle discipline, la formalizzazione e astrazione crescente dei linguaggi scientifici, ma anche la trasformazione delle informazioni in merce e la nascita della comunicazione di massa, avrebbero separato con nuove, più solide mura, gli scienziati dal pubblico. Se la figura dello studioso era circondata da secoli dall'alone ambivalente connesso ai dilemmi del conoscere, quella dello scienziato professionista era destinata a cristallizzarsi ancor più come quella di un *altro da noi* che, detentore di un sapere riservato a pochissimi, opera trasformazioni sul mondo la cui portata ci è parzialmente ignota. Il XX secolo, con la sua poderosa accelerazione tecnologica, avrebbe dato concretezza all'antico entusiasmo bipolare sulla conoscenza, per mezzo di narrazioni non più mitiche ma storiche. I primi aeroplani avrebbero mostrato come la conoscenza potesse tramutare in realtà il sogno antico del volo, e allo stesso tempo avrebbero sbaragliato centinaia di anni di strategie militari: scavalcando montagne, fiumi, eserciti, avrebbero sganciato bombe direttamente sulle città e sui loro abitanti. Non solo. Dirigendo a Ypres, dalla prima linea, il primo uso massiccio di gas tossici, il chimico Fritz Haber, premio Nobel nel 1918, trasformava il primo conflitto mondiale nella *guerra dei chimici* e mostrava che la scienza – incarnata da lui medesimo – che era capace di donare all'umanità i concimi chimici, produceva anche, per usare le parole dello stesso Haber, *una maniera superiore di uccidere*. Poco dopo, la seconda guerra mondiale, quella *dei fisici*, appariva agli occhi della gente comune come la dimostrazione eclatante del fatto che la scienza, persino per mano delle sue discipline più astratte e teoriche come la teoria della relatività, la meccanica quantistica, l'elettromagnetismo, si tramutasse in innumerevoli strumenti cruciali – il radar, il computer, la bomba atomica – per la supremazia militare, economica e politica. E fornisse il mezzo per la potenziale distruzione del globo intero.

Oggi per i cittadini la scienza è un misto di tutto ciò che fu il conoscere in epoche antiche. È dipinta dai media, ed è vista dalla gente, come strumento essenzialmente positivo. È novità e progresso, gabinetto delle meraviglie e sinonimo di verità oggettiva. È strumento di trasformazione della natura e lume della ragione. Si tramuta generosa in nuove terapie, macchine, strumenti di benessere economico e sociale. Ma è anche immaginata come la fonte del potere dello scienziato pazzo, la responsabile di tecnologie che hanno possibili conseguenze ecologiche, sociali o morali, inquietanti, distruttive, impreviste. Lo scienziato è Ulisse e Frankenstein, Prometeo e Faust.

Emblematico è il caso delle biotecnologie, esploso in modo dirompente sui media nel 1996 con la clonazione della pecora Dolly e rivelatore delle contraddizioni che animano le rappresentazioni della scienza in società. Paura e ironia, conforme e difforme, umano e animale, progresso e pericolo, speranza e distruzione sono alcuni dei termini contrari o contraddittori che hanno convissuto nella presentazione mediatica dell'evento e che ritornano a confermare la potenza, benefica e allo stesso tempo malefica, dell'uomo sulla natura. Nel caso della prima clonazione resa famosa in tutto il mondo, la scienza si è dimostrata in grado di duplicare una vita adulta a partire da un suo elemento minimo e fondante, il dna. Evento meravigliosamente spaventoso, da *raccontare* più che da *divulgare*, al grande pubblico, che rivela la possibilità di arrivare alla creazione della vita artificiale. Gli scienziati si confermano così capaci di sovvertire l'ordine naturale. Più recentemente, sono gli esperimenti dello scienziato-stregone Craig Venter a finire sulla scena mediatica. Precede di pochi mesi la pubblicazione di questo libro l'annuncio, presto smentito, della creazione della prima forma di vita artificiale nei suoi laboratori americani.

In questo fitto scambio fra scienza e società, le agenzie continuano però a battere dati desolanti sul livello di alfabetizzazione scientifica media nel mondo. Pochi sanno dire cosa sia un gene, dare la definizione di molecola o esprimere correttamente la legge di gravitazione universale. Osservando una stella oggi, un contadino indiano e un poeta vedono un oggetto che assomiglia molto di più a quello immaginato da Aristotele che non a quello descritto da un astrofisico. È vero però che tutti stiamo incorporando una parte rilevante della chimica, della fisica, della biologia molecolare. Ma le immagini scientifiche che abitano la nostra mente non vivono solo nella forma di concetti più o meno approssimativi, di fatti, nozioni, dati. Esistono anche, e prima, nella forma ambigua, contraddittoria e interessantissima di metafore, simboli, sogni, paure stratificati e integrati tramite osmosi e permutazioni innumerevoli. In una parola, esistono come rappresentazioni culturali, che si trasmettono non solo per mezzo dei canali visibili della divulgazione e dell'educazione scolastica, ma anche e soprattutto attraverso i cammini sotterranei e obliqui del mito e della metafora. Prima ancora di imparare la parola e il concetto, un bambino impara cosa sia il freddo leccando un gelato. Prima di leggere un libro di testo o una rivista di divulgazione, un cittadino costruisce la propria immagine di scienza e di scienziato annusandola, consapevolmente o meno, nelle fiction, nei film, nelle arti figurative, nella musica. Studiare la cultura scientifica significa, allora, anche studiare questi percorsi, semi-invisibili, e queste contraddizioni, imbarazzanti e interessantissime[1].

---

[1] Il testo di questo capitolo è stato già in parte pubblicato in *Atti del II Convegno sulla comunicazione della scienza*, Zadig Roma, Roma (2004).

Lo scienziato è magico. Anzi no

degli autori
con Yurij Castelfranchi

Scienza e scienziati nelle storie dei bambini

Cari bambini, per noi lo scienziato è pazzo di testa e magico. Inventa tante cose: le macchine, le pozioni, degli uccelli, un uccellino lo può trasformare in un topo, sabbie mobili dentro una bottiglia. Inventa delle foglie degli alberi...

Secondo i bambini di otto anni lo scienziato è inventore e ricercatore, magico e reale, buono ma potenzialmente cattivo. Aderisce allo stereotipo del matto con i capelli dritti in testa, ma può essere indifferentemente uomo o donna. Vive spesso isolato nel suo laboratorio.

L'idea che i bambini hanno della scienza è molto più articolata di quella che gli adulti si figurano e riflette tutte le contraddizioni e l'ambivalenza dell'immaginario scientifico contemporaneo, raccogliendo aspettative e preoccupazioni dal mondo circostante e restituendole in modo complesso, entusiasta e per certi versi preoccupato.

In questo quadro, la genialità stereotipica dello scienziato viene ridimensionata in una alquanto rigida routine lavorativa, il suo potere ricondotto alla possibilità di inventare modi per salvare il mondo, ma anche di manipolare e distorcere la natura, la sua abilità esplicitata nelle doti di ricercatore paziente, un po' scienziato e un po' tecnologo.

Queste dimensioni sono comuni a tutti i gruppi di bambini coinvolti, sebbene alcune lievi differenze distinguano le città piccole da quelle grandi. Nelle prime i bambini si dimostrano un poco più riflessivi sulla dimensione pratico-tecnologica e su quella conoscitiva, nelle seconde, caratterizzate da una maggiore

I focus group con i bambini

Nel 2003, abbiamo intervistato bambini di otto anni all'interno di sei focus group. Gli otto partecipanti (quattro bambine e quattro bambini) alle discussioni di gruppo sono stati selezionati a sorteggio, all'interno della stessa classe, in sei classi di terza elementare distribuite sul territorio italiano. I criteri per la scelta delle scuole sono stati l'area geografica (Nord, Centro, Sud Italia) e la grandezza del centro abitato (città piccola vs città medio-grande). Per cercare di evitare il più possibile l'influenza data dall'ambiente scolastico, le discussioni di gruppo sono state condotte al di fuori delle classi, nelle palestre e nei laboratori delle scuole che hanno collaborato. La durata di ciascuna discussione è stata di due ore. Durante questi incontri sono stati raccolti disegni e storie con protagonista lo scienziato, testi e segni che esplicitano in modo evidente l'immaginario scientifico radicato nella nostra società. Inifine i bambini hanno scritto una lettera ad altri coetanei per spiegare loro cos'è la scienza.

Dimensione sociale	Dimensione pratica e tecnologica	Dimensione conoscitiva

Dimensione spaziale/temporale

Dimensione etica

Dimensione emotiva/mitica

Nella narrazione dei bambini convivono dimensioni molto articolate che si presentano necessariamente mescolate e sovrapposte

disomogeneità in termini di provenienza sociale e da una maggiore presenza di studenti di famiglia immigrata, i bambini investono maggiormente i loro discorsi di una dimensione mitica ed emotiva. Proprio da qui comincia l'esplorazione delle loro idee di scienza e di scienziato.

I *dilemmi* intorno agli scienziati

Nella percezione che i bambini hanno della scienza e della tecnologia si ritrovano in modo più o meno esplicito i tre grandi dilemmi che sono stati descritti nel primo capitolo e che riflettono la fiducia incondizionata, la fascinazione, l'entusiasmo da una parte e la paura, la minaccia, il senso di oppressione dell'altra: il tema del frutto proibito; quello dell'apprendista stregone; quello del Golem.

Esempio evidente di come questo bagaglio culturale sia acquisito e rielaborato dai bambini sono i disegni che rappresentano lo scienziato come figura dalle molte braccia e gambe, a significare la capacità di manipolazione e controllo della realtà.

Questo potere può essere usato per il bene o per il male. E così come deve essere custodito ogni *frutto proibito*, in tutti i casi è da proteggere gelosamente. Talvolta deve venire celato, sempre deve venire controllato. Quando è proprio delle azioni e dei tentativi di un *apprendista stregone* può produrre effetti collaterali, che non sono comunque necessariamente negativi.

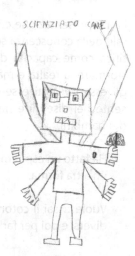

**Lo scienziato
con molte braccia
e molte gambe
ha il potere
di manipolare
la realtà**

Lo scienziato agisce spesso nel chiuso del laboratorio dal quale tiene fuori la normalità, che invece vive a casa, e nel laboratorio può compiere azioni pericolose, *in primis* per sé:

> [Gli scienziati] stanno nei laboratori, hanno boccette con tubi lunghi che possono anche scoppiare, possono essere pericolosi.

C'è una stanza chiusa a chiave che è dove lei [la scienziata] fa gli esperimenti e poi è una casa normale.

... Ha i capelli sparati perché tutte le volte che cerca di fare un esperimento gli va sempre male e allora si brucia sempre e dalla paura che si prende gli vanno sempre i capelli per aria.

Una delle connotazioni che vengono attribuite alla scienza è la capacità di controllare i fenomeni. Lo scienziato può *aiutare* o *guarire* il mondo, ma si può diventare scienziati anche per sentimento di vendetta o di *dominio*:

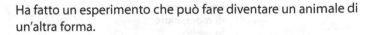

G I AMPIERILLO

La scienza è pericolosa

... Prende i ratti dalle fogne, li tortura e li trasforma in eserciti.

... E allora lui diventò scienziato per vendicarsi.

La rappresentazione culturale della conoscenza scientifica come capacità di trasformare la realtà e manipolare gli esseri viventi è sempre presente nei disegni e nei racconti dei bambini.

Ha fatto un esperimento che può fare diventare un animale di un'altra forma.

Vuole... sai il cotone bianco? Vuole farlo diventare di colori diversi e poi per farlo anche ingrandire e rimpicciolire.

L'elemento della trasformazione è quello che più direttamente richiama il potere magico. Molti bambini lo rappresentano attraverso l'idea che lo scienziato lavori attraverso *pozioni*, traccia del fenomeno mediatico di Harry Potter. La scienza e le sue *pozioni* sono associate non solo al potere e al controllo sulla natura animata e inanimata, ma anche alla sua manipolazione e trasformazione. Torna qui il tema del *Golem*, da sempre legato alla conoscenza in generale e a quella tecnico-scientifica in particolare:

Fanno una pozione per fare crescere le piante con niente.

Ha una pozione e una gabbietta con un uccellino e lo vuole trasformare in qualcosa d'altro.

… Poi lui va a casa, fa una pozione… prende un animale, forse un topolino e lo trasforma in un criceto.

Ha in mano una pozione che serve per far diventare buone le cose marce.

Poteva fare delle pozioni che facevano diventare l'erba marcia.

Le connotazioni magiche della scienza e degli scienziati che si ritrovano nelle parole e nei disegni dei bambini non si discostano molto dalle rappresentazioni culturali che ritroviamo nel cinema, nella letteratura e nell'arte in genere: i nostri protagonisti sono portatori dell'immagine sedimentata del chimico e del suo laboratorio, attraverso provette, alambicchi, guanti, camici, pinze, costruita fra il XVIII e il XIX secolo e a sua volta derivata dall'antica figura dell'alchimista.

Gli scienziati trasformano la realtà

Oggi questo quadro è amplificato dall'immaginario mediatico sulle biotecnologie: il laboratorio dello scienziato è arredato come quello di un chimico, ma allo stesso tempo è fortemente legato al mondo biologico e all'obiettivo di trasformarlo, mutarlo, controllarlo. Il riferimento alla medicina è molto presente, così come l'idea della sperimentazione sugli animali e dei problemi etici connessi. L'idea di trasformazione e quella di manipolazione ritornano in modo ricorrente.

[Lo scienziato] ci fa guarire e guarisce anche il mondo... fa pozioni che servono a curare le malattie dei figli.

– La scienziata prova la medicina su un topo di fogna che guarisce poi la prova sull'uomo ma non funziona perché la medicina funziona solo sugli animali.
– *Moderatore: E allora cosa fa la scienziata?*
– Prova con altre medicine, continua a provare e provare. Poi riesce, a farlo guarire con una caramella al limone, aveva un sacchetto di caramelle che bastavano per tutto il mondo.

– ... C'era questo scienziato che abitava in una grande casa che aveva tante bottiglie per fare gli esperimenti e tanti animali nelle gabbie.
– *Moderatore: Faceva le prove con gli animali?*
– Sì, inventava le pozioni.

Lo scienziato trasforma e manipola la realtà

– *Moderatore: E come faceva?*
– Prendeva delle cose e le univa, le metteva in una ciotolina e le faceva bere ai cani e poi se morivano…
– … Chi se ne frega!
– Usava gli animali vecchi!
– *Moderatore: Che cosa vuole fare dando queste pozioni a questi animali?*
– Con questi ingredienti poteva inventare delle medicine da usare e vendere.

Ha fatto un esperimento che può fare diventare un animale di un'altra forma.

Per ritornare alla figura dello *scienziato mago,* spesso questa immagine viene accompagnata a quella dello *scienziato pazzo.* Le due caratterizzazioni rivelano ancora una volta come la connotazione magica del conoscere sia sentita in maniera dominante dai bambini. Lo scienziato rappresenta il detentore di un sapere esoterico, inaccessibile e vicino alla magia. I libri che porta con sé e consulta racchiudono una sapienza antica e misteriosa; gli strumenti che usa producono effetti magici e inspiegabili:

Dello scienziato ci si deve fidare perché è tipo mago.

Lo scienziato fa le pozioni con una bacchetta magica.

Ha dovuto studiare il libro. A pagina 250 c'era scritto come capire come fare trasformare l'invisibilità. Solo che c'è questo libro che è antico e un po' difficile da capire, complicato. Studiando riesce a trovare questa pozione dopo due secoli.

Quando qualcosa non gli riesce chiede aiuto a un mago che gli insegna come si fa, poi fa da solo.

Il sostantivo di gran lunga più presente associato al fare dello scienziato e al suo potere è *pozione.* Questa parola ricorre più di cento volte nelle trascrizioni dei focus group e viene associata a un potere salvifico o distruttore, di trasformazione e controllo della realtà:

Ha una borsa da scienziato per... così, tutte le volte che deve inventare qualcosa ha tutto pronto. Ci sono delle siringhe, delle fiale e delle pozioni strane.

Fanno una pozione per fare crescere le piante con niente.

Poteva fare delle pozioni che facevano diventare l'erba marcia.

Lo scienziato inventa una pozione che riesce a trasformare gli invisibili in persone visibili.

Eccezionalmente normale

Uomini e donne soli, vestiti di un camice bianco, con una provetta in mano. Questi sono gli scienziati-tipo nei disegni dei bambini. Gli altri segni che contraddistinguono la loro figura sono quelli stereotipati, mediati dalla televisione e dai fumetti: gli occhiali, i capelli ritti in testa, i dettagli di un laboratorio intorno.

L'*alterità* dello scienziato è sentita in modo estremamente forte dai bambini, ma in una maniera interessante e non banale: a differenza di quanto avviene con la maggior parte degli adulti, molti bambini sottolineano come potenzialmente tutti possano divenire scienziati, scegliere di *fare lo scienziato*. Allo stesso tempo, però, la pratica della scienza e le conoscenze che essa implica fanno sì, nello sguardo di molti bambini, che lo scienziato non possa che essere un diverso. Accanto a caratteristiche di *normalità sociale*, che abbiamo notato essere sottolineate maggiormente dalle bambine che dai bambini, lo scienziato conserva, infatti, un alone di eccezionalità: può avere amici, fidanzati, fidanzate, figli e i passatempi comuni a tutti, ma più spesso, lo scienziato pratica la propria attività in solitudine o circondato esclusivamente dai propri pari e vive una vita profondamente concentrata attorno al laboratorio.

In alcuni casi, lo scienziato fa parte di un gruppo di amici che trova nella comunità scientifica stessa, in una sorta di rassicurante autoreferenzialità:

Quando si sente solo ha un telefono con cui chiama gli amici e gli chiede di aiutarlo nelle ricerche.

Sì, gli amici ce li ha dentro il laboratorio, i compagni di laboratorio, poi ogni tanto, alla sera, va a trovare la mamma.

In altri casi, il mestiere di scienziato viene ricondotto a una dimensione ereditaria; la scienza viene allora tramandata di padre in
figlio o figlia:

Suo papà ha vinto la medaglia di miglior scienziato di tutta la
Terra per aver capito di cosa è fatto Marte.

… Aveva una macchina inventata da uno scienziato famoso
morto… era suo padre e le aveva detto dove andare a cercare…

Altre volte ancora, i bambini intravedono una componente ago-
nistica della ricerca: la conquista dell'identità di scienziato avviene attraverso la dimostrazione di *intelligenza* e la vincita di premi:

La scienziata aveva partecipato a un concorso di botanica…
all'ultimo momento si sveglia e va al concorso e vince.

– Era molto intelligente e aveva vinto tutte le coppe tranne una.
– *Moderatore: Quale non ha vinto?*.
– Non fa ridere gli uomini.

Quando la sua origine e la sua famiglia non vengono assimilati
all'esperienza dei bambini stessi (*ha una mamma e un papà, è
un'amica di mia mamma*), si sottolinea l'eccezionalità della sua
figura, attribuendo la nascita e il genere dello scienziato alla
scienza stessa:

Non mangia, non ha famiglia, non ha mamma… è nato nel
mondo, la scienza l'ha creato.

Lo scienziato rimane comunque un *diverso*: se sul piano del *reale*
i bambini esplicitano l'alterità per mezzo di camici e laboratori
separati dagli spazi sociali comuni, spesso con robuste porte
chiuse a chiave, quando lo immergono nei loro racconti fantasti-
ci viene espressa tutta l'eccezionalità dello scienziato. Non solo

nel descrivere le sue pratiche quotidiane, ma anche la sua apparenza fisica, le sue caratteristiche psicologiche, la sua origine biologica: lo scienziato può essere un robot, un mostro, un umano mutante, un alieno.

La scienza è inoltre, per i bambini, *conoscenza*. Il suo linguaggio e i suoi strumenti sono posseduti solo dallo scienziato, che è appunto qualcuno *speciale* in quanto loro detentore. Non è un caso che quasi ovunque i bambini abbiano scelto per scheletro della figura dello scienziato lo stereotipo antico dello scienziato pazzo e del mago, rivestito a volte con la carne contemporanea e mediatica dei personaggi di film, cartoni e fumetti:

... È uno scienziato da strapazzo.

– ... Il mio è un alieno, anzi, è più di un alieno... È un asteroide?... Viene anche da Marte... Quindi è un asteroide!... Lo scienziato pazzo.
– *Moderatore: Com'è fatto lo scienziato pazzo?*
– Mette delle pozioni che fa così: bum bum puff!

... Era già un po' fuori di testa. È nato un po' fuori di testa.

Ci sono degli scienziati pazzi come Frankenstein... lo scienziato cattivo che fa delle pozioni per attirare l'attenzione, poi potrebbe morire o sentirsi male.

... È un robot, ha le ali, ha quattro mani... Una mano gli serve per tirarsi via il cranio, ha ancora quattro mani.

"Il mio scienziato si chiama
Riccardo Pazzo...
assomiglia a un alieno...
è un alieno"

Nella dimensione sociale dello scienziato emerge poi una grande importanza delle differenze di genere. Nella loro rappresentazione grafica, gli scienziati sono quasi sempre dello stesso sesso dei loro autori: le bambine disegnano scienziate femmine, i bambini scienziati maschi. La scelta del genere di chi fa scienza viene comunque sollevata esclusivamente dalle femmine:

– Si può fare uno scienziato femmina?
– Moderatore: Sì
– Ah, meno male.

La richiesta del permesso di disegnare una scienziata donna si mostra particolarmente interessante se il risultato viene messo a confronto con i paesi la cui lingua non attribuisce il genere alla parola scienziato, come per esempio l'inglese. In precedenti ricerche svolte nei paesi anglosassoni, lo stimolo a disegnare la figura dello scienziato era preceduto dalla parola neutra scientist. I risultati hanno mostrato come un campione di bambine e bambini inglesi abbiano disegnato quasi esclusivamente scienziati maschi.

I bambini italiani invece in alcuni casi significativi manifestano una certa indecisione nell'attribuzione del genere allo scienziato/a:

SCIENZIATA

LAURUA

"È uno scienziato, quindi è un umano tra sesso femminile e sesso maschile. Lo chiamo Lauretto, o Laurua"

È significativo che, nel momento di fare riferimento verbale a questa figura, venga comunque usato il genere maschile. L'indecisione nell'attribuzione del genere, come accade anche nella descrizione delle sue origini, viene ricondotta in alcuni casi al potere della scienza stessa, in grado di manipolare i corpi biologici e quindi anche il sesso.

Lo scienziato salva e distrugge

La morale di film, telefilm, fumetti e cartoni animati che parlano di scienza e di fantascienza si rispecchia fortemente nelle storie inventate dai piccoli e dai loro disegni. Nella loro descrizione delle azioni dello scienziato emerge spesso una *dimensione etica* all'interno della quale la scienza assume sia una connotazione salvifica sul modello dello stereotipo della scienza come progresso, privo di rischi e pericoli, sia, anche se più raramente, una connotazione distruttiva.

L'inquadramento prevalente della *missione* attribuita dai bambini allo scienziato è infatti quello della *scienza salvifica*. In questa visione positivistica della scienza, lo scienziato diventa l'*eroe* del racconto e la sua figura si inserisce in una dimensione avventurosa e benefica. Il suo scopo ultimo è il *bene del mondo*, qualunque sia la sua provenienza o l'ambito scientifico nel quale lavora:

– Moderatore: *Perché il tuo scienziato deve venire sulla Terra?*
– Per salvare il mondo. Praticamente... dal suo sangue.
– Lei viaggia per il mondo, per aiutare il mondo fa esperimenti.
– Ha inventato un gesso che deve mettersi perché si è rotto una gamba e dopo lo porta ai suoi amici che lo portano negli altri ospedali.

Su scala minore, la dimensione strumentale e tecnologica della scienza è chiara anche ai bambini per le sue applicazioni ludiche e utilitaristiche:

– Ha trovato una soluzione chimica per fare le bambole che parlano da sole per far divertire le bambine.

– Studia per far diventare il cotone di diversi colori e farlo rimpicciolire o ingrandire.

– Lo scienziato prende le cose marce a prezzo bassissimo e le fa diventare buone così risparmia.

In misura molto meno marcata rispetto alla connotazione positiva attribuita alla scienza, viene introdotta da alcuni bambini la figura dello scienziato malvagio, a volte identificato con lo *scienziato pazzo*, che usa il suo potere per fare del male. L'inquadramento è quello della *scienza maligna* e il suo protagonista riveste i panni del perfido avversario. Anche in questo caso, l'origine dei racconti, mediatica da una parte e mitica dall'altra, è chiaramente individuabile:

Uno scienziato terrorista che ha la pistola e spara alle persone. Mitraglia e mette bombe atomiche nelle case.

Lo scienziato trasforma e interagisce con la natura

Secondo me gli scienziati fanno gli scienziati, quelli cattivi, perché magari in futuro staranno male e le medicine se le tengono tutte per loro.

Lo scienziato inventore e costruttore

Provette, microscopi, telescopi, laser, computer, piccoli animali in gabbia sono gli oggetti *classici* dell'iconografia scientifica, fortemente presenti anche nei disegni dei bambini. Del repertorio di immagini mediatiche della scienza socialmente condiviso, questi oggetti colgono soprattutto la *dimensione tecnologica*, finalizzando il lavoro dello scienziato verso una *dimensione pratica*:

Lo scienziato utilizza il "superlaser"

Simbolo onnipresente di questa dimensione tecnologica è la *macchina*, il ritrovato tecnologico:

> ... Li studia [i dinosauri] con una macchina per sapere come sono fatti, quanti anni hanno, dove sono gli altri resti.

> – ... Prende i fiori e li fa analizzare dalla scienziata.
> – *Moderatore: Come fa la scienziata ad analizzare i fiori?*
> – Con una macchina inventata da uno scienziato. La macchina dice di che cosa ha bisogno.
> – ... Usa delle macchine, dei computer, delle cose del genere, che ti fanno vedere dei punti rossi o gialli che indicano dove sono i fossili.

> Lo scienziato ha un super-mega-microscopio che riesce a vedere la realtà trasparente.

Gli strumenti ottici, così come molti degli oggetti rappresentati nei disegni e nelle descrizioni della figura dello scienziato ricalcano quindi la vocazione pratica e tecnologica del suo lavoro:

> Grandi occhiali... quasi tutti gli scienziati hanno gli occhiali... il camice bianco per non sporcarsi e nella borsa tutti gli attrezzi per studiare.

Microscopi, computer, ma anche provette e razzi, che nell'immaginario contemporaneo sono diventate vere e proprie icone della scienza-tecnologia, sono vissute come estensioni della mano, dell'occhio, della capacità di memoria:

> Vorrei fare lo scienziato, l'astronomo o lo zoologo perché vorrei vedere la luna o l'ape da più vicino.

> Studia un computer, che tu alla mattina lo programmi e lui ti cucina, ti fa la lavatrice, eccetera.

La scienza ha insomma a che fare con oggetti materiali, si posiziona su un livello pratico: quasi mai viene fatto riferimento ai suoi aspetti astratti: la matematica, il calcolo, le osservazioni quan-

Il microscopio e il computer sono strumenti importanti per il lavoro degli scienziati

titative, la misurazione, che a scuola sono trattati come aspetti separati dalle altre scienze. La scienza si esplicita e viene svolta attraverso la tecnologia, che finisce per sovrapporsi a essa.

La finalizzazione pratica che viene destinata al lavoro dello scienziato si realizza nell'*invenzione*. Sia nelle descrizioni dei disegni che nei racconti che i bambini creano, gli strumenti così come gli esperimenti, portano spesso a *invenzioni*.

> Inventa gli occhiali... inventa ruote di plastica... inventa la macchina del tempo.

Nel racconto che i bambini costruiscono nelle discussioni, sono proprio le *invenzioni* legate alla tecnologia, a provvedere spesso al superamento della *prova* che i protagonisti, scienziati e bambini, incontrano nel corso della storia. Accanto all'uso di pozioni magiche, che abbiamo visto essere il rimedio prevalente ai problemi, nascono così macchine per ingrandire e rimpicciolire i personaggi, apparecchi per capire altre lingue e macchine del tempo.

> Il *Non So* [personaggio della favola inventata dai partecipanti ai focus group] e la scienziata non si capivano ... magari qualche strumento se lo metteva all'orecchio per capire meglio come lui parlava, metteva uno strumento a lui e uno a sé.

Soltanto in un secondo momento, sollecitati sulle differenze fra gli inventori e gli scienziati, i bambini precisano che sono colleghi, ma i primi creano gli apparecchi, i secondi li usano *per la scienza*.

All'interno di questa dimensione pratica e tecnologica si conferma inoltre uno stereotipo che rispecchia la differenza fra ragazzi e ragazze nel numero di iscrizioni alle facoltà scientifiche: mentre le scienze biologiche, la medicina e la matematica sono prevalentemente scelte dalle ragazze, la fisica e l'ingegneria rimangono di scelta prettamente maschile.

Gli strumenti rappresentati raccontano le scienze alle quali fanno riferimento i partecipanti alla ricerca – l'astronomia attraverso il telescopio, la paleontologia attraverso le macchine per scavare e ritrovare, la chimica e la biologia nella rappresentazione delle provette, delle pozioni e degli animali, la tecnologia in quanto tale. E così fra i bambini e le bambine si assiste a una differenza sostanziale nella rappresentazione della messa in scena degli scienziati e dei loro contesti di lavoro. Mentre i maschi prediligono una scenografia costruita sugli strumenti tecnologici (telescopi, laser, astronavi), le femmine caratterizzano le loro scienziate attraverso il camice e le provette. Quindi, mentre da parte maschile si assiste a una maggiore attenzione verso la scienza-tecnologia, da quella femminile si nota una maggiore attenzione verso le tematiche medico-biologiche.

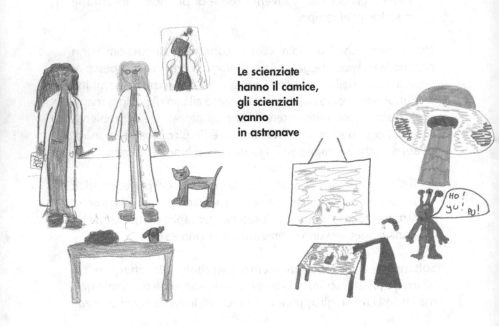

Le scienziate hanno il camice, gli scienziati vanno in astronave

La scienza, un po' ricerca un po' viaggio

Accanto alla visione magica e mitica della conoscenza come frutto proibito, che ha il potere di imporre il suo controllo su tutti i fenomeni e si avvicina così alla stregoneria, i bambini mostrano un'idea di scienza come *metodo conoscitivo*, basato su alcune pratiche ben precise, che distinguono (anche se in maniera confusa) la pratica dello scienziato da quella del *medico* o della *strega*:

> ... La pozione è anche da strega... Dobbiamo dire che le pozioni sono anche da streghe se no ci si può anche confondere.

> ... Lo scienziato non usa un corpo perché non può fare gli esperimenti con il corpo, ci sono delle cose che non può fare, le fa il dottore.

Il momento conoscitivo per eccellenza, in cui i bambini ritraggono gli scienziati, è quello dell'*azione*, che a sua volta coincide con l'*esperimento*.

L'esperimento è rappresentato nella maggior parte dei disegni sia esplicitamente, nel momento *durativo* della *prova*: lo scienziato viene raffigurato accanto al suo bancone, sul quale sono allestiti gli strumenti per eseguirlo; sia implicitamente, nel momento *incoativo* o *terminativo* che precede o segue l'esperimento stesso: lo scienziato esibisce le sue provette in mano.

A livello verbale, nel momento in cui li si induce a riflettere su *cosa fa* la scienza, emerge invece la definizione scolastica presente nei libri. Le parole-chiave per esprimere l'operato dello scienziato sono allora *studiare, capire, cercare*.

La dimensione sperimentale della scienza, anche se spesso mescolata con quella magica denotata dalla pozione, è onnipresente nel discorso dei bambini. Lo spazio del laboratorio e l'idea della scienza come ricerca, come un *provare e riprovare* di memoria rinascimentale, restituiscono l'immagine di una pratica basata su tentativi ed errori, ma anche sull'osservazione scrupolosa dei fatti.

L'esperimento diventa così, nel discorso dei bambini, la definizione dello statuto di scienziato:

SCIENZATO/A

Anita

"Cerca delle pozioni che vadano bene, prova e riprova finché non vanno bene"

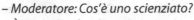

– *Moderatore: Cos'è uno scienziato?*
– È uno che fa gli esperimenti... a furia di fare esperimenti è diventato scienziato.

– La mattina fa colazione sempre con due ciambelle, va nel laboratorio, fa il suo codice segreto e fa esperimenti tipo malattie per cani e animali.
– *Moderatore: Cosa vuol dire ricercare?*
– Studiando, capendo... studiando un elemento che vuoi capire... cercando.

Fra gli obiettivi e fra le componenti del fascino della scienza, si ritrova l'adulta scoperta del *novum* e la comprensione di cosa *sono fatte le cose*:

... La scienziata diventa famosa perché scopre una cosa nuova, un dinosauro intero.

Lo scopo dello scienziato è capire da cosa è fatto il sangue di drago e lui ha in mano una pozione per miscugliare e capire questo sangue.

... ha vinto la medaglia di *Miglior Scienziato di tutta la Terra* per aver capito di cosa è fatto Marte.

L'importanza data all'esperimento si riflette sugli ambiti di ricerca che vengono sceneggiati dai bambini. Si è già visto come la scienza-tecnologia ricondotta alla dimensione pratico-tecnologica tocchi l'astronomia, le scienze naturali, la biologia, la chimica e la medicina, tutti campi del sapere che implicano sperimentazioni *materiali*. All'interno del laboratorio, sui banconi disegnati dai bambini, sulle altre scienze prevalgono infatti provette e alambicchi fumanti, spesso soluzioni contro i *problemi del mondo*.

Non solo. Se nel momento della fiaba, fantastico e quasi onirico, sono senza dubbio più presenti le immagini di una forte connotazione magica, nella fase verbale, riflessiva, della scrittura della lettera, i bambini mostrano livelli piuttosto sorprendenti di consapevolezza di parte dei metodi della scienza moderna e delle sue pratiche. Utilizzano, implicitamente o esplicitamente, i concetti chiave di *osservazione, ipotesi, analisi, deduzione, progetto*:

– *Moderatore: E come fa a fare questi esperimenti? Spiegami.*
– Buttava un sasso e diceva: "Vediamo se affonda".

– … Allora studia, fa delle pozioni. Prende l'acqua, la rovescia e l'acqua cade.
– *Moderatore: Come si fa a fare un esperimento?*
– Si mettono insieme cose che possono poi stare in un altro stato. C'è una bacchetta magica oppure hanno un libro e fanno le magie. Uno scienziato che costruisce un libro di legno…
– *Moderatore: Che cos'è un esperimento?*
– Sono delle pozioni che metti insieme e trovi un nuovo tipo di pozione, e questo si chiama esperimento.
– Prima degli esperimenti e delle pozioni fanno ipotesi e indagano.
– Tu fai l'esperimento però non sai mai che cosa c'è dopo, magari pensi a quello che c'è poi potrebbe venirne un'altra.

Anche se spesso ricondotti a una *dimensione magica* (il libro di *formule* e di *favole*), scrittura e libri giocano un ruolo fondamentale nel definire la figura e la pratica dello scienziato:

– Delle volte [la scienziata] va fuori, con la sua valigetta, ha dei libri. Si ferma e legge sulla panchina. Libri di favole, di scienziati, di scienza. Un giorno ha sbagliato e scrive cosa ha sbagliato.

"Prendi un telescopio che può vedere le stelle nei minimi particolari e poi prendi un blocchetto e ci scrivi tutte le caratteristiche"

... Ha con sé un bloc-notes su cui scrive ciò che vede e pensa. Porta anche un grande libro illustrato, un libro da scienziati, con animali, che dice come gli animali sono fatti dentro e anche le piante; nel libro ci sono disegni che illustrano la struttura degli animali, ma anche dell'uomo, disegni di scheletri umani.

I bambini mostrano anche di attingere a una varietà di fonti tramite le quali costruiscono il proprio immaginario e ricevono contenuti scientifici:

– ... Ho sentito alla TV che dentro alla patata degli scienziati hanno messo altre proteine.
– *Moderatore: Dove si impara la scienza?*
– Dai libri, dalle maestre. Gli scienziati vanno in vari paesi e studiano cose che fanno. I giornalisti vanno a vedere cosa fanno gli altri... e raccontano cosa succede.

... C'è un gioco che si chiama *Piccolo Chimico* e ci sono dei boccetti... e c'è la candela che quando è sotto bolle l'acqua... e insomma, ho disegnato delle cose che le ho viste da mio fratello.

– *Moderatore: Per sapere qualcosa della scienza come si fa?*
– Per conoscere la scienza si studia, si va nei laboratori e si vedono i telescopi.
– ... Ce l'ha spiegata la maestra di matematica.

Nella loro costruzione, tutti i racconti hanno bisogno di un *io*, di un *qui* e di un *ora*, categorie che costituiscono la forma di organizzazione elementare del discorso. Oltre all'*io* dello scienziato e agli oggetti della scienza, dai disegni emergono anche le dimensioni *spaziale* e *temporale*. Da una parte compaiono il laboratorio e i suoi strumenti, dall'altra la descrizione del lavoro dello scienziato.

Dal punto di vista degli elementi spaziali, tavoli-banconi, macchinari *scientifici*, provette e alambicchi più o meno magici sono rappresentati all'interno del laboratorio, *luogo della scienza*, pensato come spazio chiuso e attorniato da un alone di mistero che richiede attenzione e protezione.

> La stanza per gli esperimenti è chiusa a chiave perché ci sono cose importanti che non possono essere rubate, scatolette con liquidi speciali.

> Va al suo laboratorio, fa il codice segreto, entra in laboratorio.

Di frequente il luogo viene prima dell'attività dello scienziato: il *dove* sembra determinare il *fare*, esserne causa.

Più raramente, l'attività dello scienziato si svolge all'esterno, per osservare sul campo i fenomeni della natura e del cielo.

Parallelamente, emerge anche la dimensione del viaggio, *esplorazione* che equivale alla *scoperta*.

> È bello [fare gli scienziati] perché fai nuove cose, studi, viaggi per cercare nuovi fossili, perché gli scienziati non guardano sempre negli stessi posti.

> Lei viaggia per il mondo, per aiutare il mondo fa esperimenti...
> Gli scienziati vanno in vari paesi e studiano cose che fanno.

Dal punto di vista temporale, la scienza viene proiettata prevalentemente nel futuro: missione dello scienziato è inventare cose nuove, che non esistevano prima, in una visione sostanzialmente positivistica della *scienza* come *progresso*.

Nella sua dimensione magica, la scienza è poi in grado di manipolare il tempo per raggiungere i suoi obiettivi conoscitivi:

– C'è un liquido che sta facendo per inventare la macchina del tempo, per andare avanti e indietro nel tempo.
– *Moderatore: A cosa gli serve andare avanti e indietro nel tempo?*
– Per vedere come sono le cose… se vuole studiare i dinosauri va indietro nel tempo.

E i bambini sanno riassumere gli obiettivi e i modi del fare scienza, così come i luoghi e i momenti, le prassi e le aspirazioni. Per rendersene conto, basta leggere una delle *lettere sulla scienza* scritte a dei coetanei immaginari.

"Cari bambini…

… gli scienziati hanno bottigliette lunghe e larghe, guanti e occhiali per proteggersi, maschere grosse. E poi un camicione bianco.
Lo scienziato è uno che ricerca e studiando e ricercando per molti anni riesce a capire le cose che vuole riuscire a capire…
È diventato scienziato studiando tanto, il suo lavoro è studiare
… Prima non era un lavoro e allora lui inventò questo lavoro che era studiare…
Fare lo scienziato è faticoso… ricercare e inventare, è difficile…
È brutto, perché stai tutto il giorno a scavare, devi sempre scavare, e poi devi continuamente mettere nel computer i nuovi dati e devi dargli un nome per poi ricordartelo…
È bello perché se scopri sei contento e la gente si appassiona…
Costruisce delle cose, delle formule per fare più felici i bambini…
Gli scienziati, studiando per molti anni, riescono a capire i fenomeni che ci sono sulla terra, l'uomo, le piante, gli animali, dei cibi buoni, magari prima che lo inventasse uno scienziato, la cioccolata non c'era…
Lo scienziato è un signore che lavora e fa le pozioni e con queste inventa gli animali, le piante, i frutti, gli oggetti e tante cose, e veleno…
Prima degli esperimenti e delle pozioni fanno ipotesi e indagano…

La scienza studia l'aria, il caldo, i gradi, l'acciaio, il motore della macchina, le montagne, la terra, il cielo, di cosa sono fatte le nuvole...
La scienza si impara dai libri, dalle maestre. Gli scienziati vanno in vari paesi e studiano cose che fanno...
Si studiano delle cose. Sono tante cose che messe insieme hanno cambiato il mondo. Hanno inventato le cose, gli elettrodomestici, l'energia elettrica..."

Dalla lettera emerge un panorama complesso e strutturato, non soltanto sulla base degli stereotipi, ma anche su una visione originalmente *bambina* del mondo scientifico: intorno allo scheletro antico della scienza e dello scienziato mitico e stregone si sviluppa la carne moderna della ricerca sperimentale e tecnologica, svelando quelli che sono gli aspetti più importanti delle rappresentazioni attuali intorno alla scienza e alla tecnologia, conditi da evidenti influenze mediatiche.

Lo stereotipo dello scienziato pazzo, il suo essere inventore, ricercatore e stregone si mescolano nella percezione dei bambini. La razionalità scientifica si unisce al suo statuto magico e la sua figura, all'incontro di due termini contrari, diventa infine mitica. Negli usi grafici e linguistici dei bambini, infatti, lo scienziato e il mago, seppur con modalità diverse, giungono in fondo allo stesso risultato, con le stesse modalità descritte in molti dei racconti mediatici sulla scienza, che si soffermano più sugli effetti mirabolanti di quest'ultima piuttosto che sulla fatica e sui fallimenti delle sue ipotesi e dei suoi metodi.

Lo scienziato
e il suo mestiere

Un tipo ordinario con uno sguardo speciale

I bambini crescono e diventano ragazzi e con la crescita trasformano le loro immagini del mondo. Le immagini del mondo a loro volta agiscono sull'atteggiamento e cambiano la predisposizione dei ragazzi nei confronti delle cose, in particolare della scienza.

Per cogliere queste trasformazioni in relazione a come vengono percepite la scienza e la figura dello scienziato, è stato usato un metodo d'indagine diverso da quello impiegato con i bambini. Non si può chiedere con successo a un ragazzo di disegnare, inventare storie, scrivere lettere a coetanei immaginari. Piuttosto che sulla sfera espressiva, è opportuno puntare sulla maggior capacità di concentrazione e sull'attenzione a innumerevoli aspetti della vita sociale e dell'impatto che questa ha sulle vicende personali. Proprio per quest'attenzione multiforme, capace di focalizzarsi su aspetti diversi, è stato possibile indagare e trarre conclusioni di carattere generale su sei temi diversi attraverso un questionario:

1. **La figura dello scienziato**: prima di essere conosciuto lo scienziato viene immaginato. Come è percepita la scienza? Quali doti e difetti sono attribuiti alla scienza e a chi la pratica?
2. **Il lavoro dello scienziato**: anche per lo scienziato, il lavoro è una delle dimensioni caratterizzanti. Quali capacità ha, quale dedizione, e, soprattutto, come riempie il suo tempo?
3. **Il pensiero scientifico**: il pensiero della scienza si avvale del linguaggio, tra formula matematica e testo, la sua azione oscilla tra teoria ed esperimento: quale ruolo ha il galileiano *provando e riprovando*?

La selezione del campione

Nell'anno scolastico 2002-2003, è stato proposto ai ragazzi di prima e seconda superiore di compilare un questionario di 50 domande – tre a risposta aperta, le altre a risposta multipla. È stata fatta una selezione di 289 classi distribuite in 54 scuole. Di queste, 250 classi di 47 scuole hanno compilato integralmente il questionario. La somministrazione del questionario è avvenuta senza una preparazione specifica della classe, tramite un loro insegnante. Ai ragazzi è stata consegnata, come unica informativa, una lettera sul questionario; nessun'altro suggerimento è stato dato durante la compilazione.

I questionari validi raccolti sono 5.230, con una media di 21 ragazzi per classe. La loro distribuzione è stata equilibrata sia per genere che per provenienza – Nord, Centro e Sud d'Italia.

Livello culturale e interesse

Il campione è stato suddiviso sulla base del livello culturale delle famiglie e dell'interesse che i ragazzi mostrano verso la scienza. Sono stati definiti tre livelli culturali, mettendo in quello

- *basso* (16%) chi ha entrambi i genitori con al più la licenza media;
- *medio* (21%) chi ha un genitore con al più la licenza media e l'altro almeno diplomato – nonché chi ha un genitore diplomato e non risponde sull'altro;
- *alto* (60%) chi ha entrambi i genitori almeno diplomati, oppure uno laureato e non risponde sull'altro.

A rigore il livello culturale si riferisce alla famiglia, ma per facilità di esposizione viene attribuito al ragazzo.

Al livello culturale si affianca un secondo indicatore – l'*interesse* – che permette di dividere il campione in: molto (61%), abbastanza (16%), poco (6%) interessati e in ostili (7%).

4. **La natura**: la scienza studia il grande libro della natura o, piuttosto, si occupa di costruzioni astratte? Nel primo caso, ha diritto di modificarla e trasformarla o si deve limitare a osservarla?

5. **Scienza e società**: la scienza ha un ruolo sociale, innegabilmente. E allora, quanto la società può influenzare, controllare e decidere sulla scienza? E cosa questa deve alla collettività?

6. **Io e la scienza**: ciascuno attribuisce alla scienza un ruolo nella propria vita futura. Quale? La scienza è salvifica o terribile? Vicina o lontana? Quali figure sono degne di fiducia?

Per i ragazzi, lo scienziato è una persona adulta, più matura che giovane; può essere sia uomo che donna, è ordinato, molto curioso e allo stesso tempo attento a tutto ciò che lo circonda.

Da molti punti di vista, è una persona normale: ha una famiglia e degli amici, come tutti. Non si tiene troppo distante dagli altri né si disimpegna dai problemi della società. E la sua normalità si nota anche nella descrizione del suo carattere. Non è altruista né egoista. Non è simpatico né antipatico. È una persona comune, uno di noi.

In tutta la sua ordinarietà, però, forse una particolarità ce l'ha, se i ragazzi lo vedono più interessato alle scoperte che al guadagno. Al massimo è mosso dall'ambizione di vedere un suo risultato pubblicato o citato. Possono più la gloria e la fama che il denaro, insomma.

Generalmente, i requisiti che una persona deve avere per aspirare a fare scienza sono un insieme di volontà e talento; la maggior parte dei ragazzi, infatti, non crede che chiunque possa diventare scienziato. Per essere scienziati si deve essere intelligenti, portati per la matematica e allo stesso tempo disposti a sacrificarsi e a studiare molto.

Alla costruzione dell'immagine dello scienziato, contribuisce significativamente la conoscenza che i ragazzi hanno di scienziati in carne e ossa, vivi o morti che siano. Essere uno scienziato famoso non è lo stesso che essere un grande scienziato, qualsiasi cosa s'intenda con l'aggettivo *grande*. Di più: ci sono persone etichettate dai ragazzi come *scienziati famosi* che a rigore non possono neppure essere definiti scienziati. D'altra parte, la fama e la notorietà, danno informazioni su come la scienza viene vista, immaginata, percepita. E infatti, alla richiesta di scrivere *i primi tre nomi di scienziati che ti vengono in mente*, i ragazzi non si sottraggono e quasi tutti danno una risposta, moltissimi ne danno tre; e così ci troviamo con cinquecento nomi diversi, che ci restituiscono un panorama ricco e articolato.

Su tutti, svetta Albert Einstein segnalato da sette ragazzi su dieci: più che uno scienziato, ormai è un simbolo, anzi un'icona. Einstein è la scienza personificata. Controprova ne è che il suo nome viene storpiato in decine di grafie errate:

> Aainstain, Ahstayn, Aichtein, Aichteine, Aimstaym, Ain Stain, Ain Staine, Ainsetaine, Ainshain, Ainstaini, Ainstaen, Ainstain, Ainstan, Ainstein, Ainsten, Aintain, Aistain, Aistaing, Aistan, Aistein, Aistong, Alfred Einstein, An sitain, Andestein, Angela Einstein, Ansctan, Anstaim, Anstain, Anstainy, Astain, Atiam, Attistain, Aychtagne, Aynsten, Eainstain, Eanstain, Einchting, Eindtein, Einestein, Einestine, Einstain, Einstain, Einstan, Einstani, Einstein, Einstein Alfred, Einsteine, Einsteins, Eintain, Eintein, Eintstein, Eisiem, Eisntein, Eistain, Eistains, Eistan, Eistein, Eistein Robert, Eistine, Enstain, Enstein, Ensten, Hain Stain, Hainstain, Hainstain, Haintatin, Haistain, Haistan, Haistein, Heigstain, Heimsteim, Heinsetein, Heinstain, Heinstein, Heinsteing, Heintein, Heistain, Heistein, Heistem, Heisten, Heistin, Hemchtein, Hesanstain, Hitstan, Iaistain, Inestain, Inestien, Instain, Insthine, Reinstein, Wainstain.

Queste numerosissime grafie del nome del più celebre uomo di scienza di tutti i tempi costituiscono non solo un indicatore della sua popolarità, ma raccontano anche che la sua immagine trascende di gran lunga la sua conoscenza effettiva. Di lui tutti sanno che è uno scienziato, o meglio che ha a che fare con la scienza. E ancora di più: il fatto che Einstein sia identificato con l'idea di scienza, che ne sia la personificazione, conferma il suo status di moderno *mito*, e in quanto tale fuori dalla storia e dagli eventi realmente accaduti.

Atteggiamenti verso la scienza

Una delle domande del questionario chiedeva a cosa
serve la scienza tra: capire, migliorare, avere potere, fare del
bene. Un'altra chiedeva se in passato, e in futuro, la scienza
avesse fatto, e farà, più male che bene. L'incrocio delle due
risposte ha definito cinque classi di atteggiamento:

- i *consapevoli* (40%) dichiarano voglia di conoscere,
  sono ottimisti per quanto la scienza realizzerà in futuro
  e sono contenti di quanto ha fatto in passato;
- i *tecnofili* (25%) credono che la scienza migliori la qualità della vita e possa curare i malati, sperano in un
  contributo futuro ma non sono necessariamente contenti di quanto ha fatto sinora;
- i *preoccupati* (24%) hanno paura, sia che si sentano
  animati da fiducia sia che prevalga la preoccupazione.
  In quelli di loro che hanno capito che la scienza è
  conoscenza, prevale la sfiducia;
- i *fiduciosi acritici* (7%) nonostante pensino che in passato la scienza non abbia sempre fatto del bene, credono che in futuro possa farne, anche se la vedono
  come strumento di potere;
- i *nonfaperme* (4%) non si occupano di scienza, o
  hanno deciso di starne alla larga; pensano che ha fatto
  e farà danni. La identificano con il potere in un'accezione negativa.

La natura dell'icona Einstein influenza la rappresentazione
della scienza almeno negli ultimi cinquant'anni: capelli spettinati,
volto bonario, abbigliamento disordinato, atteggiamenti gioiosi e
stravaganti, sono tutti tratti comuni alle più note figure mediatiche di scienziati. Dal "Doc" Brown di *Ritorno al futuro* a molti scienziati disneyani, fino a Margherita Hack che ne è, in Italia, una con-
troparte femminile.

Alle spalle di Einstein appaiono personaggi molto lontani dalla
sua aura mitica: hanno tutti i piedi ben piantati nella storia.

L'empireo dei più citati è formato da cinque soli nomi: Isaac Newton, Charles Darwin, Rita Levi Montalcini, Archimede e Galileo Galilei. Vale a dire: tre fisici, quelli più antichi, e due scienziati della vita, i più recenti – scelta che contiene traccia dell'evoluzione che la scienza ha avuto negli ultimi secoli.

Sopra le 100 citazioni si trovano anche Fermi, Mendel, Volta, Leonardo, Hack, Zichichi, Lavoisier, Pascal, Marconi, Dalton, Pasteur, Gay Loussac e Proust. Altri trentatré superano le 20 preferenze, mentre il grosso delle citazioni va ai 399 scienziati che non prendono nemmeno cinque voti. Raggruppati per discipline, i fisici fanno la parte del leone (5.517 citazioni) surclassando di gran lunga i biologi (1.551) e gli scienziati naturali (1.234). Quasi nel dimenticatoio, si trovano chimici (368) e matematici (360).

All'altro estremo della graduatoria, ci sono personaggi che vengono citati pochissime volte ed è sorprendente che ci sia una così grande moltitudine di *scienziati possibili*: si tratta di persone reali o della fiction, viventi o del passato, che almeno per qualche ragazzo vestono i panni dello scienziato. Ci sono i personaggi televisivi, da Piero Angela ad Alessandro Cecchi Paone, passando per Giorgio Celli, Umberto Veronesi, Antonino Zichichi, Margherita Hack citati da poco meno di tre risposte su cento. Ma l'immaginario dei ragazzi si nutre anche di letture – Stephen Hawking, Isaac Asimov e il dottor Jekyll; di cartoni animati e fumetti – ben rappresentati dal dottor Slump, Mago Merlino, Maga Magò, il Grande Puffo, Topo Gigio e Topolino, pur in un quadro che vede clamorose assenze, a cominciare dai disneyani Archimede Pitagorico, Pico de Paperis ed Eta Beta.

Ovviamente al giorno d'oggi l'immaginario è influenzato e formato anche dalla pubblicità: la campagna del CEPU – che fornisce sostegno universitario e quindi, in senso lato, conoscenze – furoreggiava negli anni della nostra indagine e infatti vengono citati Alex Del Piero e Bobo Vieri, mentre giocatori altrettanto famosi come Totti, Ronaldo e Zidane, che non sono *testimonial* dello stesso marchio, ottengono molti meno voti, a dimostrazione che la pubblicità è un buon veicolo di immagine scientifica.

Frutto invece della scuola sono Franklin, Coulomb, Ampere, Galvani, Tolomeo, Talete ed Euclide. Sorprendono poi altre citazioni lontane dal bagaglio culturale di uno studente del primo biennio delle superiori: Heisenberg, Schrödinger, Vesalio, Cartesio, Democrito, Godel, Fermat, Oersted, Tesla, Bernoulli, Fibonacci,

Turing e Giacconi, premio Nobel 2002 per la fisica, non sono certo nomi familiari ai ragazzi né presenti nei loro studi. Questi personaggi ci dicono però che tra alcuni ragazzi c'è un'attenzione diffusa e informata per la scienza, anche su aspetti molto puntuali.

Compaiono poi nomi di persone che richiamano caratteristiche stereotipate della scienza e delle sue relazioni col mondo: *Bill Gates* ci dice del legame inscindibile e confuso con la tecnologia. E seppur in un clima di sicura ironia, *l'uomo Del Monte* mette in luce una relazione importante tra scienza e natura: la prima valuta la seconda e ne certifica la qualità. Il richiamo al signor *Chernobil*, invece, è un bizzarro errore che ci dice quanto tempo sia passato dall'incidente e che scarso ruolo abbia la storia della scienza, anche recente, nella formazione dei ragazzi.

E che dire di *Pauling, quello della piccola Dolly*? La prima clonazione esplosa sui media – sette anni prima della rilevazione nelle classi – e diventata simbolo della manipolazione genetica in generale, ha lasciato un segno profondo anche nei più giovani. La pecora Dolly è diventata *piccola*, quasi fosse una bambina, proiezione dell'inquietante paura della clonazione umana. Per completare il quadro su chi è lo scienziato per i ragazzi italiani, è stato loro chiesto di riconoscere il suo status in questa lista di figure:

archeologo, astrofisica, astrologo, biologo, botanico, chimico, economista, farmacologo, fisico, filosofo, geologo, giudice, giurista, immunologo, informatico, mago, matematico, medico, naturalista, paleontologo, statistico, storico, veterinario, zoologo.

Non stupisce che il chimico, il fisico, l'astrofisico e il biologo siano senza dubbio considerati scienziati; così come, pur con minor certezza, il matematico e il geologo. Alle loro spalle, però, si apre una zona d'ombra nella quale si collocano il paleontologo, lo zoologo e il botanico, ma anche l'immunologo, il medico e l'astrologo – per il quale la confusione può venire o dall'assonanza con l'astrofisico o, piuttosto, dall'attribuzione all'astrologia di metodi rigorosi, per l'appunto, *scientifici*. Se il giudice, il giurista, l'economista e il mago non hanno sicuramente alcuno statuto scientifico, le idee non sono altrettanto chiare per l'informatico, lo storico, il filosofo, e lo statistico, per i quali molte risposte sono all'insegna dell'indecisione e il campione appare spaccato a metà.

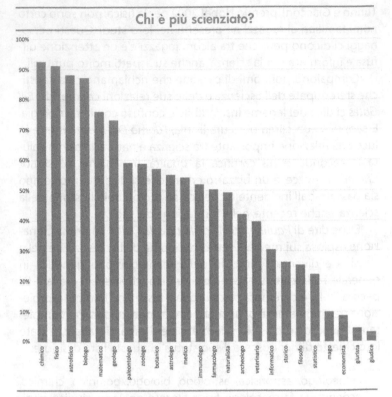

Chi è più scienziato?

Sono *più scienziati* i chimici, gli (astro)fisici e i biologi

Il metodo scientifico e l'esperimento

Agli occhi dei ragazzi l'osservazione caratterizza l'attività scientifica. Lo scienziato lavora soprattutto osservando e sperimentando, studia gli animali innanzi tutto osservandoli in natura e viaggia prima di tutto per osservare fenomeni che non può riprodurre. Ancora una volta sono le ragazze a dare di più questa interpretazione dell'attività scientifica, ovvero a mettere in risalto un approccio con la realtà che sfocia essenzialmente in una crescita di esperienze e conoscenze.

Il pensiero scientifico si caratterizza per l'atteggiamento con cui lo scienziato guarda ai risultati che eventualmente otterrà, *prima* di averli ottenuti. La scienza è abituata a *negare* i risultati per vedere se questo porta a delle contraddizioni su quanto si conosce già; a *dedurli* da un insieme finito di dati, a patto che sia sufficientemente ampio e non troppo particolare; a *indurre* da una serie di casi una regolarità generale; a *cogliere* un aspetto del quale si ignorava tutto, persino che potesse manifestarsi; e così via. Tutto questo viene realizzato per mezzo di due strumenti astratti: l'interpretazione degli errori commessi (21%) e la formulazione di ipotesi (51%) che limitano il campo di validità di un'affermazione.

A questo proposito, le idee non sono sempre chiarissime. Da un lato, è consolidata la convinzione che *lo scienziato a volte scopre qualcosa senza averlo previsto* (63%), il che significa, perlomeno, che lavora senza troppi pregiudizi e con la disponibilità d'animo di imparare dagli errori che commette. D'altra parte però *è pronto a cogliere un risultato anche se non se lo aspetta* (50%), il che sottintende sia un lavoro programmato, sulla base di ipotesi e di obiettivi predeterminati, sia un'attenzione a tutti gli output che possono emergere inaspettatamente: è un riconoscimento, anche se non cosciente, del ruolo della serendipità.

Del tutto marginali invece paiono le pratiche di verifica e di controprova (*sa già quello che deve scoprire*, 10%): sembra quasi che l'azione scientifica sia sempre innovativa, che sia sufficiente pensare un'idea perché questa assuma validità senza il bisogno di consolidare quello che si sa già. È anche vero che, se lo scienziato *sa già quello che deve scoprire*, questo può anche significare una perdita di tempo. Si può dedurre dal fatto che questa opzione è molto scelta da chi è *ostile* alla scienza e da chi, senza esserlo, le si rivolge in modo *fiduciosamente acritico*: entrambe queste categorie, inoltre, ritengono ben più della media, che lo scienziato *proceda a tentativi, del tutto alla cieca*.

Detto altrimenti gli *ostili* o i *nonfaperme* non pensano che gli errori possano avere una funzione nel lavoro dello scienziato. E se per queste due categorie il giudizio è particolarmente accentuato, non si può dimenticare che più di un terzo del campione pensa che lo scienziato *consideri come risultato quello che scopre*, negando un ruolo alla verifica a posteriori, agli esempi e ai controesempi, al riconoscimento degli errori e alle ipotesi iniziali.

Sembra cioè emergere che per lo scienziato le ipotesi non sono sempre uno strumento essenziale di lavoro. D'altra parte, però, si ottiene una risposta alquanto diversa quando chiediamo esplicitamente ai ragazzi a cosa servono queste ultime: in questo caso la maggior parte riconosce la loro duplice natura di *punto di riferimento per le verifiche* (71%) e di *base per le deduzioni logiche* (64%). Il primo aspetto connota le ipotesi in senso più pratico e sperimentale, il secondo le colloca in un contesto di ragionamento astratto e teorico.

Nonostante il pensiero scientifico si orienti prevalentemente verso la teoria, per i più l'esperimento rimane il cuore dell'attività scientifica. Guardiamo a questo fatto da un punto di vista diverso. Tra i gruppi di professioni più scelte prevale di gran lunga la dimensione sperimentale su quella teorica, rappresentata certamente solo dal matematico e dall'astrofisico; forse dal fisico – ma la sua connotazione sperimentale è comunque ben radicata. Di certo, chimica, biologia e geologia non evocano un'immagine teorica della scienza, ma rimandano all'idea del laboratorio o, al limite, dell'osservazione diretta della natura. E non dissimile è il risultato sulle discipline delle quali si vorrebbe essere più informati: genetica, medicina e chimica sono difficilmente associabili all'astrazione e più inequivocabilmente dipendenti dall'esperimento, dalla prassi. Il laboratorio diventa, in questo quadro, uno degli incubatori del pensiero scientifico. Lì nascono e si sviluppano le idee che successivamente si articoleranno in teorie. In questo senso, allora, il laboratorio ha la funzione di rendere possibili le astrazioni: di fatti, serve per *isolare e studiare solo alcuni particolari aspetti di un fenomeno naturale* (62%). Permette cioè di assumere le condizioni nelle quali si vuole essere, senza farsi distrarre da tutti quegli aspetti che non sono specifici della ricerca in questione. Di quest'opinione sono in particolare i *maschi*, gli *interessati* e i *consapevoli*. Per gli studenti di cultura *medio bassa* e per quelli *ostili*, i laboratori esistono soprattutto per *realizzare in modo sicuro esperienze pericolose* (47%). All'intersezione di questi due punti di vista, ce n'è un terzo, secondo il quale il laboratorio rende possibile ciò che al di fuori non lo sarebbe: permette di *ripetere molte volte una stessa situazione* (42%) ma anche di *inventare situazioni e mondi del tutto nuovi* (19%).

Con il laboratorio, lo scienziato cerca, prevalentemente, di *confermare quello che sa già in teoria* o, con lo stesso spirito, di *dimostrare che una teoria è sbagliata*. Però può decidere di andare oltre alla semplice verifica e utilizzarla per *arrivare dove non arriva con la teoria stessa*. In questo caso, lo strumento diventa guida per il pensiero e serve a rendere possibili le astrazioni.

In laboratorio lo scienziato consegue risultati, ma quando può dire di esserci riuscito? Un ragazzo su due sostiene che è lo scienziato in prima persona a dire quando la propria attività ha raggiunto un sufficiente livello di serietà (*ognuno si accorge quando i suoi risultati sono completi*). La valutazione, meglio l'autovalutazione, è uno dei compiti del ricercatore nella quale fa capolino, ovviamente, il genio o, meglio, il colpo di genio: per un piccolo gruppetto, *una seria attività scientifica può durare un attimo, se c'è il colpo di genio* (9%). D'altra parte poco meno della metà dei ragazzi ritiene che le verifiche e l'impiego di molto tempo siano un fattore importante a determinare la bontà del lavoro scientifico, e su di loro poggia la possibilità stessa di arrivare a delle scoperte.

Lo scienziato arriva alla scoperta *senza averlo previsto*: sembra quasi che il risultato gli si pari davanti al naso così come un fungo, trovato per pura fortuna. E anche quando sta andando alla ricerca di qualcos'altro, lo scienziato *è pronto a cogliere un risultato anche se non se lo aspettava*, in piena serendipità. I ragazzi sono consapevoli che in una ricerca non si sa a priori che cosa si troverà, ma sanno che serve la predisposizione d'animo a riconoscere un risultato tra i tanti fenomeni osservati. Insomma quasi nessuno pensa che la scoperta è frutto di verifica dal momento che lo scienziato *sa già quello che deve scoprire*.

Il pensiero, il linguaggio e la matematica

Per la maggior parte dei ragazzi che frequentano i primi anni delle superiori calcolare e scrivere formule servono a ragionare velocemente su concetti complessi e per quasi la totalità del campione il linguaggio della scienza si basa proprio sulle formule e, più in generale sulla matematica (94%). Emerge inoltre tra i ragazzi la consapevolezza della posizione che l'inglese ormai ricopre all'interno della comunità scientifica nei confronti dell'italiano: questa lingua viene individuata come linguaggio scientifico più frequentemente del nostro idioma.

Una volta realizzato l'esperimento o, nel caso degli scienziati teorici, una volta formulata una teoria, è necessario comunicarla ad altri specialisti, ai propri colleghi e ai propri collaboratori, al pubblico della rivista sulla quale si pubblica un articolo scientifico. Da questo punto di vista, allora, fare scienza vuol dire anche organizzare i pensieri e, in particolare, organizzarli in parole. Per i ragazzi, il veicolo del pensiero sono i calcoli e le formule che servono soprattutto a *ragionare velocemente su concetti complicati* (75%) e, di conseguenza, a *realizzare la traduzione di un'idea in un linguaggio comprensibile a tutti* (44%). Vale a dire che il linguaggio della scienza è un linguaggio matematico, tutto basato sulle formule e sui simboli.

Per lo scienziato si deve essere dotati per la matematica

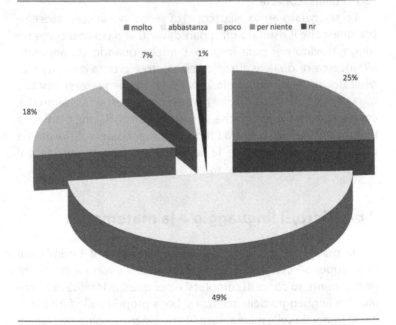

Per gli scienziati la matematica è importante, ma non necessaria

Più in generale, cosa pensano allora i ragazzi sul ruolo della matematica nello svolgere il mestiere di scienziato? E come concorre il loro rapporto con la matematica nelle loro scelte sulla possibilità di diventare scienziati? In primo luogo, lo scienziato deve essere dotato per la matematica: qualsiasi cosa si voglia intendere con questa dote, che sembra quasi essere un talento innato, difficile da coltivare e potenziare. Ci sono comunque alcuni ragazzi che ritengono che gli scienziati possano essere anche poco dotati per la matematica.

Su questa fetta del campione, è interessante considerare le quattro categorie che si discostano. Ritengono che si possa essere scienziati anche se poco dotati per la matematica: i ragazzi che hanno una *cultura alta*, i quali probabilmente riescono a immaginare altre declinazioni della scienza, al di là degli aspetti di formalizzazione matematica; quelli che vivono fuori città e che, di conseguenza, sono più orientati verso la natura; quelli *molto interessati* alla scienza, che, come si vede dallo spettro degli interessi, sono in grado di spaziare dalla biologia alla fisica alla matematica; e i *nonfaperme*, che non hanno un quadro ben definito di cosa essa sia.

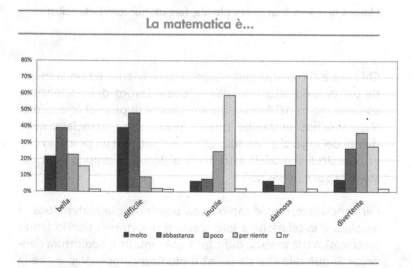

La matematica è...

■ molto ■ abbastanza ▨ poco ☐ per niente ☐ nr

Per i ragazzi la matematica è bella e divertente

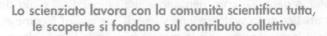

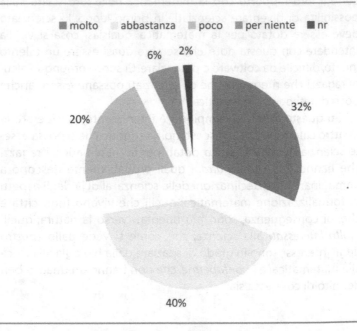

Il lavoro di ricerca è un lavoro plurale, fondato sul contributo collettivo

Chi invece si è costruito un quadro sulla scienza e non la esclude dal proprio orizzonte, ritiene che il lavoro dello scienziato consista molto nel *fare previsioni* e, ancor di più, nel *fare calcoli*. Naturalmente, entrambe queste prassi sono associate, nella mente dei ragazzi e non solo, alla matematica: è un percorso che va dai calcoli ai modelli astratti più articolati, e proprio per questo adatti alle previsioni.

Per concludere, è utile capire cosa pensino della matematica in assoluto e in relazione a loro stessi: si divertono quando fanno matematica o la trovano difficile? È utile, inutile o addirittura dannosa? Si può dire che sia bella? Il giudizio complessivo è che la matematica è semplicemente difficile. D'altra parte, però, la matematica è *bella* per molti e *divertente* per altrettanti. Anche l'utilità emerge senza discussione: infatti praticamente tutti si dissociano dal pensarla *inutile* o *dannosa*. Per i *molto interessati*, la matematica è più bella che per tutti gli altri; e lo è così tanto che sembra quasi essere un indicatore efficace dell'interesse per la scienza. Giudicano *inutile* la matematica gli *ostili* e quelli che si pongono lontani dalla scienza. Per loro è anche significativamente *dannosa*, sino a tre volte quello che pensa tutto il campione.

Lavorare stanca. Ma è bello

Il lavoro dello scienziato è generalmente apprezzato e visto in un'ottica molto positiva, soprattutto perché la scienza è utile: la grande maggioranza dei ragazzi è convinta che lo scienziato lavori al servizio di tutti e che il suo lavoro porti a significativi miglioramenti nella vita di tutti i giorni, ma soprattutto nella lotta alle malattie che, è una certezza, verranno sconfitte. In seconda battuta, il lavoro dello scienziato serve ad aumentare le conoscenze di tutti noi e a darci nuovi strumenti di comprensione della realtà. Sono le ragazze a guardare con più interesse e aspettative alla conoscenza prodotta dalla scienza.

Per quanto riguarda la socialità del suo lavoro, tra i ragazzi c'è chi vede lo scienziato come un lavoratore solitario e chi pensa che la collaborazione gli sia indispensabile – tanto con *amici e colleghi* quanto con altre figure professionali. Nonostante lo scienziato sia una persona inserita, e abbia lasciato da tempo la torre d'avorio, i ragazzi ritengono che, da solo o in *équipe*, lavori all'interno di una comunità scientifica, nella quale le scoperte si fondano sul contributo collettivo.

Il lavoro dello scienziato è, al giorno d'oggi, fortemente identificato con i suoi risultati, con quello che permette di ottenere con le sue scoperte. E le scoperte dipendono da alcuni fattori: in prima istanza, dalla disponibilità di rispettare la gerarchia interna a un'istituzione scientifica, vale a dire al sapersi relazionare con gli altri membri del proprio istituto.

In seconda battuta, le scoperte dipendono dal genio individuale – che viene ritenuto essenziale da circa metà del campione – il cui peso ottiene maggiori riconoscimenti tra chi ha una famiglia di livello culturale *basso*, tra chi è poco interessato e tra i *non-faperme*. La genialità viene cioè indicata di più da chi si tiene a una certa distanza dalla scienza.

Fra tutti i fattori, però, quello che ha un maggior peso sul buon rendimento di uno scienziato è la disponibilità *a sacrificarsi e a studiare molto*. Rendimento e sacrificio rimandano immediatamente il problema del rapporto col tempo. C'è tutta un'iconografia che disegna lo scienziato come uno sregolato, che sia fannullone o, piuttosto, sgobbone. E quest'iconografia getta le radici in un sentire diffuso che pensa che si facciano scoperte *in ogni momento, basta che ci sia l'ispirazione*, che è come dire che il lavoro dello scienziato ha sì bisogno di impegno e di sacrificio ma, sostanzialmente, dipende dall'ispirazione che può, o meno, illuminargli in un attimo la mente. Al massimo l'ispirazione ha bisogno della quiete della *notte fonda, quando nessuno ci disturba* o della freschezza del *mattino prestissimo, quando il cervello è ben sveglio*. In ogni caso, le scoperte non si fanno *in orario d'ufficio, come per ogni lavoro normale*. Emerge, cioè, una strana commistione di intuizione improvvisa e di impegno indefesso, componenti entrambi essenziali a definire il criterio secondo il quale un'attività scientifica può dirsi seria.

Il metodo, la prassi, gli strumenti, le ipotesi: di tutto questo i ragazzi hanno un'opinione articolata, ricca, che restituisce un'immagine della scienza come di una struttura complessa, alla quale concorrono più attori, e che si muove su più dimensioni. *Scoprire, inventare, osservare la natura* e, in misura minore, *fare calcoli*, sono le attività che più si addicono allo scienziato. Le ragazze indicano più dei maschi l'*osservazione della natura*, mentre i ragazzi più di queste ultime prediligono l'*inventare nuove cose*. In ogni caso, il lavoro dello scienziato consiste in massima parte nel *fare scoperte*. Le invenzioni, invece, sono la fotografia di una scienza ingenuamente salvifica, e compaiono nelle parole dei *tecnofili*.

L'osservazione è un momento molto importante in questa professione e le viene attribuita una gamma di accezioni che coinvolgono molti aspetti della vita umana. È infatti il legame fra teoria e realtà, costituisce il principale strumento di verifica ed è il fondamento dell'azione scientifica. Per alcuni è uno strumento utile solo per la scienza, mentre molti altri ragazzi, soprattutto quelli *molto interessati* alla scienza, vi vedono *un approccio a tutti*

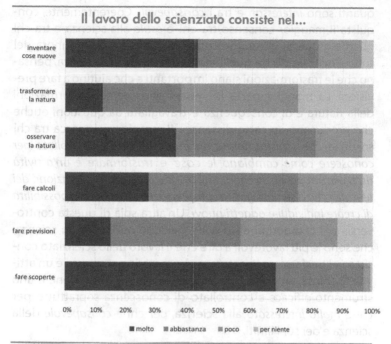

Il lavoro dello scienziato consiste nel...

- inventare cose nuove
- trasformare la natura
- osservare la natura
- fare calcoli
- fare previsioni
- fare scoperte

0% 10% 20% 30% 40% 50% 60% 70% 80% 90% 100%

■ molto   ■ abbastanza   ■ poco   ■ per niente

Scoprire, inventare, osservare sono le tre attività dello scienziato

i problemi umani. E non mancano quei pochi che la vedono un po' troppo ingenuamente come *la soluzione di tutti i mali (5%)*.

Il calcolo invece è ritenuto l'opportunità per *ragionare veloce-mente su concetti complicati*, ma anche la possibilità di *tradurre concetti in un linguaggio comprensibile a tutti*, di *rendere astratto ciò che è concreto*, con tutto il peso e tutta la difficoltà che l'astra-zione mette sulle spalle degli adolescenti. È interessante notare che coloro che pensano che il calcolo renda astratto ciò che è concreto sono quanti si sentono *ostili* verso la scienza o, nel miglior dei casi, i *nonfaperme*. La scienza può essere interessante, digeribile, accettabile, ma non così la matematica per farla.

Il lavoro dello scienziato consiste anche nel trasformare la natura, pratica tra le più controverse, che ottiene il massimo del dissenso, particolarmente tra le persone di cultura medio alta, tra quanti sono *interessati* e tra i *consapevoli*. Coerentemente, conquista il maggior consenso tra chi è *ostile* alla scienza e tra chi guarda a questa in modo *acritico* o, piuttosto, chi la ignora del tutto. Pochi, e solo tra quelli *molto interessati* alla scienza, pensano che le trasformazioni siano importanti e che aiutino a fare previsioni. La maggior parte le vede invece come trasformazioni della natura e di conseguenza è travagliata da questioni etiche che producono un certo dissenso. Il campione si spacca tra chi sostiene che *trasformare è un modo efficace e controllato per conoscere come cambiano le cose* e *trasformare è un'attività rischiosa, un po' da stregoni*; tra *trasformare è la realizzazione dei tentativi che ci sembra giusto compiere* e *trasformare è la possibilità di creare individui e oggetti nuovi*. Un'altra spia di questa controversia è il comportamento delle persone *ostili* verso la scienza, che sono le più favorevoli a dire che il lavoro dello scienziato consiste nel trasformare la natura, e che proprio per questo è un'attività rischiosa, un po' da stregoni. Invece la trasformazione è uno strumento efficace e controllato di conoscenza soprattutto per chi è *molto interessato* alla scienza, per chi è *consapevole* della scienza e dei suoi limiti.

Ma cosa intendiamo per *trasformare e manipolare*? Nell'immaginario, la trasformazione è particolarmente associata alla natura: non si trasformano le teorie, i concetti, i modelli, si trasformano l'ambiente e gli esseri viventi, si trasforma il corpo umano. E per questo è una trasformazione che fa paura. Il grosso del campione, circa i due terzi, è incerto tra un'interpretazione della trasformazione come *realizzazione dei tentativi che ci sembra giusto compiere* e *un'attività rischiosa, un po' da stregoni*. E la paura aumenta tra quanti vedono la trasformazione come *la possibilità di creare individui e oggetti nuovi*: la creazione d'individui genera sospetti e preoccupazioni – la clonazione ne è un sottocaso particolarmente notevole – come emergeva dalla confusione tra l'inesistente *piccola* Dolly e la reale *pecora* Dolly, con un'antropomorfizzazione del clone che mette sicuramente paura.

Queste preoccupazioni non sono comunque sufficienti a paventare esiti catastrofici, come per esempio *mettere a rischio gli uomini e la natura* (9%), *provocare danni e disastri* (9%). Entrambi questi scenari sono sottostimati quasi a ribadire un ruolo in ogni caso positivo della scienza e delle sue applicazioni tecnologiche.

Lo scienziato si deve poi confrontare con le motivazioni e le finalità del suo lavoro, sugli interrogativi profondi che determinano il suo ruolo nella società. Le aspettative sul suo operato sono enormi e ripropongono un sorprendente ottimismo. Affermazioni, anche molto forti e impegnative, ottengono un ampio consenso. *In primis* è altissima la speranza che la scienza sia capace di *sconfiggere le malattie e, al limite, la morte.* O quella, più modesta ma ben più radicata, che *la scienza migliori la vita quotidiana.* E ancora, la scienza è generatrice di conoscenza: aiuta a *possedere nuovi strumenti per conoscere sempre di più* e *capire verità che avevamo solo intuito.* Dietro a quest'affermazione c'è una maggior consapevolezza della scienza e dei suoi obiettivi, sì ottimistica, ma più motivata, più legata alla sua reale funzione, che per l'appunto è la comprensione dei fenomeni. L'alternativa tra visione consapevole e visione ottimistica divide i maschi dalle femmine. I primi sono orientati, più delle seconde, alla lettura della scienza come generatrice di nuova conoscenza, mentre le ragazze si aspettano maggiormente dalla scienza salvezza e salute: è in atto una frattura tra le teorie maschili e le applicazioni femminili. Probabilmente questa differenza di genere è spia di un nascente entusiasmo da parte delle ragazze per la scienza che, relativamente da poco tempo, vedono come una delle opportunità della loro vita e che quindi proiettano tutta su una dimensione pratica. Un'altra contraddizione interessante è quella tra *curare è il vero obiettivo della scienza,* scelto dal 51% del campione, e il solo 2% che sceglie *la scienza serve per curare.* Vale a dire che i ragazzi, a fronte di grandi speranze, non si aspettano che queste si realizzino. Fortunatamente, è una sfiducia che non travolge la scienza. Genera perplessità e poche illusioni, ma non le si ritorce contro. Di fatti, solo un ragazzo su cinque ritiene che la ricerca scientifica vada finanziata *solo se porta a benefici immediati,* mentre, per i restanti quattro, benefici e finanziamenti vanno tenuti distinti.

Fare scienza è un'attività lavorativa come altre, che spesso *avviene nel chiuso del proprio ufficio, davanti al computer,* come pensa il 13% dei ragazzi che interpretano così il lavoro dello scienziato. Uno degli elementi di ricchezza della rappresentazione della ricerca come lavoro sono gli oggetti che vengono utilizzati, gli strumenti ai quali ricorre; e sono strumenti particolarmente evocativi. Lo scienziato non ha bisogno di tenersi informato come gli altri, ricorre poco a *radio* e *giornali*, mentre deve frequentemente osservare ciò che è molto piccolo, attraverso il *microscopio*, e ciò che è molto lontano, con il *telescopio*. Gli strumenti indicati più frequentemente, microscopio e provetta, restituiscono di nuovo l'immagine di una scienza orientata verso la biologia e la medicina, e pertanto verso la vita. Emerge l'immagine, dunque, di un'attività che si svolge tra quattro mura, in cui operano persone probabilmente impegnate nello studio e nella ricerca di microrganismi o, più in particolare, nella ricerca medica. A conferma delle differenze di genere nell'intendere la missione della scienza, si nota che sono soprattutto le ragazze a individuare nel microscopio e nelle provette gli strumenti fondamentali per fare scienza. Mentre il fatto che compaiano *carta e penna*, *libri* e *computer* denota consapevolezza del fatto che la scienza si

I cinque stumenti fondamentali per fare scienza sono

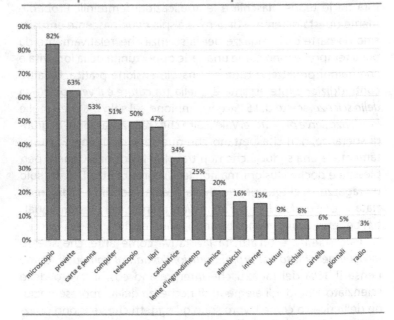

Ai ragazzi è stato chiesto di indicare cinque strumenti distinti, cosa che hanno fatto praticamente tutti (la media è 4,9)

serve allo stesso tempo di strumenti maturi e moderni. Ma soprattutto si fa scienza anche con oggetti diffusi e ben noti a tutti, perché lo scienziato ha i tratti della normalità. Gran parte del lavoro non richiede strumenti astrusi né eccessivamente costosi, bensì familiari e alla portata di molti.

In misura minore, ma pur sempre presenti, troviamo *camice* e *alambicchi*, che rimandano a scene di una scienza antica, fatta di esperimenti solitari, misteriosi, oscuri, in fondo magici – elementi di oscurità e di magia probabilmente sono associati a camice e alambicchi, dal momento che questi vengono indicati come strumenti più importanti da chi ha una cultura *bassa*. Il bancone di un laboratorio chimico risulta difatti uno dei luoghi principali del fare scienza, poiché questa *richiede un ambiente protetto e artificiale*. Insomma, emerge una scienza sperimentale e l'esperimento ha bisogno di condizioni tutte sue, in dialogo con la scienza teorica che si può fare *in ogni luogo, perché è puro pensiero*.

I luoghi della scienza ci dicono anche di un diverso coinvolgimento interpersonale: per pochi può essere praticata in solitudine; per molti richiede uno sforzo collettivo, poiché *lo scienziato lavora con la comunità scientifica tutta e le scoperte si fondano sul contributo collettivo*, confermando l'importanza della sua dimensione sociale. Gli scienziati più aperti, poi, non si negano l'opportunità di confrontarsi con chi fa lavori diversi: la scienza ha bisogno del contatto e delle contaminazioni che vengono dall'esterno.

Naturalmente, l'esterno per antonomasia è l'esterno geografico, quello che svela nuovi orizzonti, che porta ad ammirare paesaggi unici, che nasconde posti sconosciuti. E allora lo scienziato *viaggia*: il viaggio è parte dell'attività scientifica stessa, serve a osservare fenomeni che non può riprodurre. È un viaggio che coglie l'unicità della natura, l'irripetibile, e che quindi diviene pratica scientifica, *verifica di quello che lo scienziato pensa*. Ma è al tempo stesso un viaggio come scoperta dell'ignoto e un viaggio come occasione di incontro tra scienziati.

Scienziati in società

Scienza, natura e società

Sin da Galileo Galilei, la natura è un libro scritto in caratteri matematici che può essere letto con l'aiuto della scienza. La scienza in quanto scoperta diventa mediatrice tra la natura e la nostra conoscenza. È quindi essenziale capire come i ragazzi vedono il rapporto tra scienziato e natura. È distaccato e mediato o, piuttosto, diretto e immediato?

Il lavoro dello scienziato avviene *anche* a contatto con la natura, ma quanto? Nei suoi confronti prevale il rapporto diretto – lo scienziato lavora immerso nella natura – o sono le sovrastrutture teoriche e artificiali a farla da padrone? Lo scienziato la utilizza, la osserva, ci si confronta e il suo modo di porsi di fronte alla natura diviene un metro per tutti, delimita quali sono i comportamenti accettabili: è rilevante che per la metà dei ragazzi la natura sia una fonte illimitata di materie prime e di animali. È interessante che gli unici a pensare che le risorse sono limitate siano i ragazzi che vivono fuori città – cioè quelli che sono a maggior contatto con la natura, quelli che riescono a vederla nella sua concretezza e non solo come un concetto astratto.

La natura è per i più un *mistero da capire* e questa convinzione è tanto più forte quanto più i ragazzi sono interessati alla scienza, in perfetta correlazione. L'unico altro gruppo che la pensa così è quello dei *preoccupati*, e questo probabilmente indica che la loro preoccupazione è soprattutto per come la scienza si comporta verso la natura.

Mentre pochi ragazzi vedono la natura come *un modello da riprodurre*, solo uno su tre pensa che sia *un grande laboratorio*. Rimane da capire se questa scelta autorizza lo scienziato a fare esperimenti su tutto e coinvolgendo tutti. I ragazzi pensano di no, promuovono l'osservazione degli animali e mettono molto in subordine la vivisezione, la cura, la riproduzione e la clonazione. Proprio la clonazione, alla quale i *mass media* si sono dedicati massicciamente nell'ultimo decennio, è indicata come una delle principali prassi scientifiche da chi proviene da una famiglia di *livello culturale basso*, da chi è *poco interessato*, *ostile* o *preoccupato* dalla scienza.

A rafforzare questa lettura, per oltre la metà dei ragazzi, e soprattutto tra i molto interessati e tra i *consapevoli* la scienza *si fonda sull'osservazione diretta della natura e si fa all'aperto*. Nell'immaginario dei giovani, quindi, lo scienziato non sta soltanto nel chiuso del suo laboratorio, ma vive il suo lavoro in mezzo alla natura.

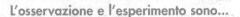

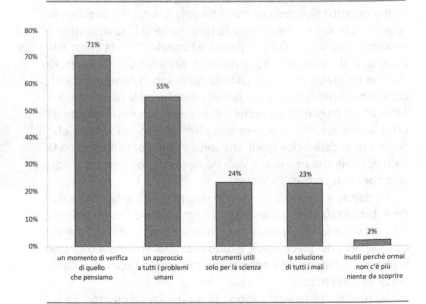

Colpisce che per oltre metà dei ragazzi l'osservazione e l'esperimento siano un approccio a tutti i problemi, non solo a quelli scientifici

La scienza è percepita innanzi tutto come percorso cognitivo, un percorso che porta a capire, conoscere, comprendere, sapere sempre di più. L'opinione più diffusa, anche se non maggioritaria, è che la scienza *possa indagare su qualsiasi cosa*.

L'osservazione e l'esperimento rappresentano un momento metodologico di verifica, ma sono anche un modo per affrontare tutti i problemi umani. Per i ragazzi quindi, la scienza racchiude in sé un grande potenziale.

Sebbene per circa la metà dei ragazzi *aiutare e curare* siano i veri obiettivi della scienza, sono molto meno quelli convinti che essa serva *effettivamente* a curare o a fare del bene. Lo scarto tra l'aspettativa e l'effettiva utilità non sembra casuale; e ha una corrispondenza con la percezione di quanto la scienza ha fatto fino a oggi e la considerazione di quanto sarà in grado di fare in futuro. Per la quasi totalità dei ragazzi, infatti, le scoperte scientifiche miglioreranno la vita di tutti i giorni, ma la scienza non risolverà i problemi della povertà e della fame del mondo e le nuove tecnologie non creeranno più posti di lavoro. Fino a oggi la scienza ha fatto più bene che male, ma per quanto riguarda il futuro l'ottimismo risulta meno diffuso. Ciononostante, i ragazzi non hanno smesso di credere nella scienza, sono convinti che la ricerca vada finanziata in ogni caso, anche in mancanza di benefici immediati e sono le ragazze a essere maggiormente di quest'opinione, nonostante l'atteggiamento in generale più scettico e meno acritico che mostrano su altri temi dell'indagine.

L'attenzione è tutta su *come* la scienza viene usata, un uso che può diventare cattivo innanzi tutto nelle mani dei militari: le guerre, l'arricchimento indiscriminato, il desiderio di potenza da parte di singoli individui o di gruppi di potere, questi gli scopi negativi a cui la scienza può venir piegata. Gli errori della ricerca scientifica sono ritenuti catastrofici da un ragazzo su tre, mentre la maggior parte dei rispondenti li considera comunque utili. Convinzione matura e consapevole è che l'errore sia un'opportunità per procedere.

Pensare alla scienza in rapporto con il resto della società significa poi pensare alle sue ricadute mediche, tecnologiche ed etiche. Il riferimento è in particolare a quelle legate alla vita, ma anche alla lotta contro la povertà e all'equa distribuzione delle ricchezze.

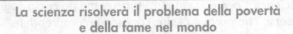

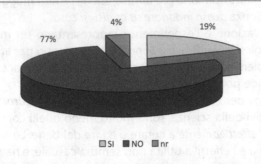

La scienza risolverà il problema della povertà
e della fame nel mondo

4% 19% 77%

☐ SI ■ NO ■ nr

**Per otto ragazzi su dieci la scienza non sconfiggerà la fame
e la povertà. E la percentuale è la stessa di quanti pensano che le nuove
tecnologie elimineranno più posti di lavoro di quanti ne creeranno**

Uno scienziato come studia gli animali?

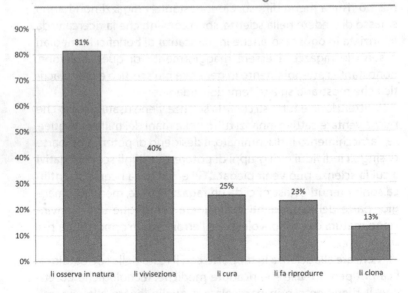

81% 40% 25% 23% 13%

li osserva in natura   li viviseziona   li cura   li fa riprodurre   li clona

**I modi con cui lo scienziato studia gli animali influenzano l'atteggiamen-
to che i ragazzi hanno verso la scienza**

Il tema della vita è legato all'uso che lo scienziato fa, per la propria pratica di ricerca e di studio, degli animali e del loro corpo. Gli animali e il rapporto che lo scienziato ha con loro, sono una cartina al tornasole di come la scienza è percepita. I ragazzi pensano che lo scienziato osservi soprattutto gli animali ed è questo che aiuta a vederlo con occhi amichevoli – occhi che diventano ostili quando lo scienziato clona e viviseziona.

Convivono le posizioni di chi pensa a una scienza rispettosa della vita animale con quelle di chi la vede invadente e invasiva. L'invadenza può presentarsi con facce e valenze anche molto diverse – non tutte distruttive. Alla vivisezione, infatti, si affiancano la cura, la riproduzione indotta e la clonazione, che pure non viene molto nominata. La clonazione, d'altra parte, veste sicuramente i panni della preoccupazione se, come è, viene scelta da chi proviene da una famiglia con *livello culturale basso* o da chi mostra *poco interesse* per la scienza, da chi le è *ostile*, da chi è *preoccupato* e, in larghissima misura, da chi se ne tiene lontano.

Tre sono le modalità con le quali la scienza interagisce con gli animali: *l'osservazione*, che lascia indisturbato l'animale; la *cura*, che interviene su di esso quando è malato per riportarlo il più vicino possibile alle sue condizioni naturali; la *riproduzione indotta*, la *vivisezione* e la *clonazione*, che portano a trasformazioni significative del suo corpo. Delle tre, la cura è l'interazione che i ragazzi indicano meno, anche perché pensano che sia più un obiettivo della scienza che una sua pratica. Le altre due, *osservare* e *trasformare*, ricevono sostanzialmente la stessa attenzione, ed è un'attenzione molto alta e molto diffusa.

C'è però una differenza tra le due situazioni: l'osservazione è vista come la pratica che non viola, ma nemmeno influenza, gli animali e l'integrità del loro corpo. La trasformazione, invece, ha le facce molto diverse delle tre opzioni che la compongono. È anche vero, però, che l'interpretazione della trasformazione – indifferentemente se applicata agli animali, alla natura, alle idee astratte o a quant'altro – porta in sé i tratti della questione controversa. Un ragazzo su tre la vede, in modo neutro, come *un modo efficace e controllato per conoscere come cambiano le cose*. I restanti due si dividono equamente su tre posizioni: l'una che sottintende un giudizio positivo – *la realizzazione dei tentativi che ci sembra giusto compiere* –, la seconda che ne sottintende uno negativo – *attività rischiose un po' da stregoni –*, l'ultima ambivalente – *la possibilità di creare individui e oggetti nuovi.* Chi è preoccupato per la ricaduta della scienza mostra tutta la sua preoccupazione per la trasformazione e la manipolazione; mentre quanti hanno un atteggiamento consapevole, pur non sbilanciandosi in consensi entusiastici, rifiutano ogni valutazione marcatamente critica. E non si sbagliano: se spostiamo l'asse dagli animali all'uomo, la scienza porta a *sconfiggere le malattie e, al limite la morte*, a *migliorare la vita quotidiana* e a *possedere nuovi strumenti per conoscere sempre di più.*

Al servizio di tutti

Come abbiamo anticipato, la cura è collocata tra gli obiettivi della scienza e non tra le sue pratiche. Questo non toglie che *aiutare e curare* siano ritenuti da metà dei ragazzi *i veri obiettivi della scienza.* Anche quando aiutare e curare non sono il fine primo, rimane sempre possibile che siano conseguenza di quanto la scienza fa, una conseguenza imprevista ma non per questo indesiderata. In

Aiutare e curare sono...

5% 2%

42%

51%

■ i veri obiettivi della scienza
■ un effetto possibile, anche se non sempre voluto, dell'attività della scienza
■ cose che non riguardano la scienza
■ nr

Medicina, salute, e cura sono strettamente intrecciate con la scienza

pochi ritengono che sono *cose che non riguardano la scienza* e sono quasi tutti ostili, sfiduciati e distaccati verso la scienza.

Se allarghiamo il campo del nostro interesse dalla scelta di servizio, *aiutare e curare*, a una gamma più ampia, nella quale le affianchiamo anche il conseguimento della conoscenza, la crescita dello sviluppo, la gestione del potere, e, perché no?, la possibilità di fare del male, troviamo che la scienza è prima di tutto un'opportunità per conoscere, ma anche per far evolvere le condizioni di vita – *migliorare la qualità della vita* e *risolvere problemi pratici*. Nel complesso di queste scelte, *curare* (2%) e *fare del bene* (5%) si perdono e vengono ridotti a obiettivi del tutto secondari, scelti da un numero di persone molto basso, addirittura minore del piccolo gruppetto (9%) di quanti non hanno in mente nemmeno un esempio nel quale la scienza possa servire a qualcosa. Per un ragazzo su venti, poi, la scienza ha indubbiamente una natura rischiosa: tanti sono quelli che ritengono che serva ad *avere potere* – e per gli adolescenti non c'è alcuna accezione di questo termine che sia associata a qualcosa di positivo – o, ancor più esplicitamente, a *fare del male*.

Fino a qui abbiamo parlato degli obiettivi, ma la situazione non cambia se guardiamo a cosa la scienza permette realmente, nei fatti. La scienza libera dai bisogni, dona la felicità, permette di fare tutto quello che si vuole e fa diventare ricchi. Alcuni hanno la preoccupazione che la scienza aiuti i potenti a dominare sugli altri, preoccupazione che non mette in una luce del tutto positiva questa libertà. Infatti, sembra quasi che la scienza renda più forti, ricchi e potenti quanti sono già forti, ricchi e potenti: se è vero che per la maggior parte dei ragazzi le scoperte scientifiche miglioreranno la vita di tutti i giorni, secondo due ragazzi su tre le nuove tecnologie che ne nasceranno elimineranno più posti di lavoro di quanti ne creeranno, e non ci sarà nessuna soluzione a problemi drammatici quali la povertà e la fame del mondo. Il quadro tratteggiato è fosco: tutto quello che possiamo aspettarci dalla scienza è un miglioramento della qualità della vita nei paesi sviluppati, ma questo non porterà a una miglior giustizia sociale, anzi ci saranno più disoccupati; né a risolvere almeno in parte i problemi globali: fame e povertà continueranno a essere piaghe insolute.

Il potere di chi usa la scienza porta inoltre a considerarla un'attività rischiosa e responsabile dell'aumento dell'ingiustizia.

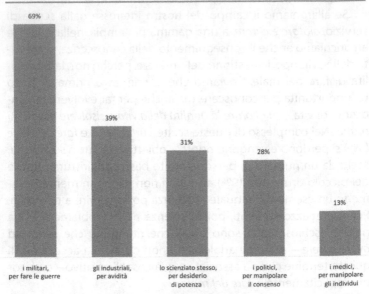

Chi può fare cattivo uso della scienza?

69%	39%	31%	28%	13%
i militari, per fare le guerre	gli industriali, per avidità	lo scienziato stesso, per desiderio di potenza	i politici, per manipolare il consenso	i medici, per manipolare gli individui

Nessuna categoria è immune, agli occhi dei ragazzi, dalla tentazione di piegare la scienza a usi distorti

Nessuna delle categorie proposte – militari, industriali, scienziati, politici e medici – è immune dalla tentazione di un uso distorto della scienza. In cima alla lista dei *cattivi*, troviamo i militari: infatti i ragazzi sanno che al giorno d'oggi la guerra è una faccenda prettamente scientifico-tecnologica. All'altro estremo, dalla parte dei *meno cattivi* ci sono i medici che tendono a manipolare gli individui, senza rispettarne appieno l'individualità. E quest'evidenza è tanto più interessante in quanto è datata 2003, un anno nel quale *procreazione medicalmente assistita* e *caso Welby* non erano ancora nell'agenda politica e neppure all'attenzione dell'opinione pubblica.

Una parziale sorpresa viene dalla lettura delle tre categorie *mediamente cattive*, scienziati, industriali e politici, che ottengono tutti e tre un grado di sfiducia confrontabile. Gli scienziati sono sospettati di avere un accentuato desiderio di potenza, gli industriali brama di profitto e i politici la volontà di manipolare il consenso.

Identikit di un cittadino affidabile

Dalle scelte dei ragazzi emerge che per svolgere appieno il suo lavoro, lo scienziato ha bisogno di mettersi in relazione con altre professioni non scientifiche, da cui trae collaborazioni, ma anche spunti di riflessione. La ricerca scientifica esiste grazie a questo dialogo, opinione molto più diffusa fra i ragazzi che fra le ragazze, che in questa come in altre occasioni tendono a mostrare una maggior attenzione agli aspetti sociali, alle collaborazioni e in genere a tutto ciò che ha a che fare con le scienze della vita e con la prassi.

Nell'immaginario delle giovani generazioni è crollata la torre d'avorio e la scienza si trova strettamente interconnessa con il resto della società, in un gioco di dipendenze reciproche a volte onerose, altre, come in questo caso, virtuose e costruttive. Questa

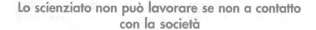

Lo scienziato non può lavorare se non a contatto con la società

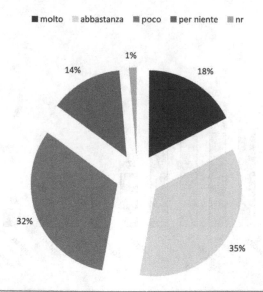

■ molto ▨ abbastanza ■ poco ■ per niente ▨ nr

1%
14%
18%
32%
35%

"Lo scienziato non può lavorare se non a contatto con la società" è l'opinione prevalente dei ragazzi

lettura positiva del rapporto tra scienza e società si spinge oltre: è convinzione diffusa che lo scienziato lavori al servizio di tutti. Naturalmente, ci sono anche le eccezioni. I ragazzi con una famiglia di un livello culturale basso tendono a essere un po' meno ottimisti a questo proposito e lo stesso può dirsi di quelli che dichiarano di essere disinteressati, *preoccupati* o addirittura per i *nonfaperme*. Di fatti, questi stessi ragazzi non condividono la visione della scienza come impresa collettiva, e sono quelli che di più vedono lo scienziato come avulso dalla società. Insomma, la torre d'avorio sembra sopravvivere ancora per chi è preoccupato o distante dalla scienza, mentre per tutti gli altri è crollata.

Per rappresentare il rapporto tra scienza e società, guardandolo attraverso la figura dello scienziato, è interessante considerare le altre categorie sociali che ispirano fiducia.

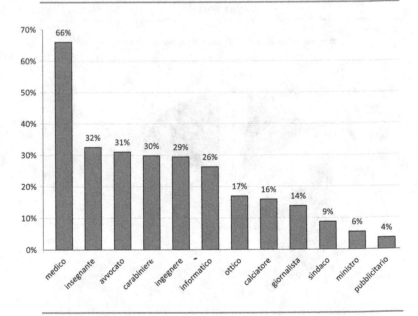

La medicina è una delle facce più ricorrenti della scienza edè quella che ispira maggiore fiducia

Il confronto tra altri professionisti proietta lo sguardo dei ragazzi in una cornice più ampia, nella quale lo scienziato è uno degli elementi del quadro. Su tutti svetta il medico, affidabile per due persone su tre e, soprattutto, con il doppio della fiducia di tutti gli altri. In coda stanno le categorie politiche (ministro e sindaco) e quelle legate ai *mass media* (pubblicitario e giornalista).

Il medico rappresenta la salute, la cura del corpo, cioè la principale finalità della scienza. E poiché secondo i ragazzi la scienza deve soprattutto *aiutare, curare, guarire,* un alto livello di fiducia nella medicina si riverbera sulla scienza, proprio attraverso la faccia che più di tutte la caratterizza. Due delle altre scelte, *ingegnere* e *informatico*, affiancano la medicina nel delineare il secondo aspetto che caratterizza l'immagine della scienza: la tecnologia.

Anche la sfiducia per i politici e per i *mass media* è coerente con la rappresentazione della scienza: i primi lesinano finanziamenti alla ricerca e le pongono limiti e vincoli. I secondi concorrono a rappresentarla di volta in volta come infallibile e salvifica oppure come distruttrice e responsabile di tutti i disastri derivati dalle sue applicazioni.

Per i ragazzi lo scienziato può essere sia un adulto che ha studiato molto, sia un giovane mosso da entusiasmo, sia un vecchio carico di saggezza.

Il genere è indifferente: uomini e donne hanno le stesse potenzialità. Questa è la scelta di 7 ragazzi su 10 quando si propone loro di indicare una delle tre possibilità: *maschio, femmina, il genere è indifferente*. È uno dei segnali della *normalità* dello scienziato e indica un percorso di uscita da uno stereotipo fortemente caratterizzato in senso maschilista. Un percorso che però è stato appena intrapreso e non senza contraddizioni.

Per ciò che riguarda il suo aspetto, poi, se l'abito non fa il monaco, sono i capelli, il camice bianco e gli occhiali a fare lo scienziato. E quando si tratta di descriverlo i giovani sanno essere dettagliatissimi sul look: occhiali a lente piccola tonda, barbe grigie, pantaloni a zampa d'elefante. Insomma *barba, camice, occhiali* sembra quasi un identikit, più ancora che una semplice descrizione. Ma sotto il vestito lo scienziato che tipo è? Come prima cosa, c'è l'intelligenza, e non basta che ci sia, deve anche essere molta. Però, questa come le altre virtù dello scienziato viene indirizzata solo sulla scienza: lo scienziato, infatti, non ha nient'altro da fare. Passa il proprio tempo a studiare e può dedicare tutta la vita al proprio lavoro. La ricerca esclude tutto il resto dalla vita dello scienziato. Lo scienziato è tutto focalizzato sul lavoro.

Oltre all'intelligenza, la curiosità e la pazienza sono qualità che emergono dalle descrizioni libere che i ragazzi danno di uno scienziato. E lo si comprende dal posizionamento dello scienziato su cinque scale che hanno come estremi le seguenti coppie di opposti: altruista/egoista, curioso/monotono, ordinato/disordinato, attento/distratto, simpatico/antipatico. Lo scienziato è neutro in relazione alle due scale che descrivono il suo carattere (altruista/egoista, simpatico/antipatico) mentre si caratterizza fortemente per quelle professionali: lo scienziato è curioso (e non monotono) attento (e non distratto), ordinato (e non disordinato).

Ne risulta una persona equilibrata con una dimensione professionale e lavorativa del tutto eccezionale e nettamente polarizzata. Come tutti, ha una famiglia e degli amici, ma in più questi amici lo aiutano nel suo lavoro: i suoi risultati spesso dipendono dalla sua intesa con loro.

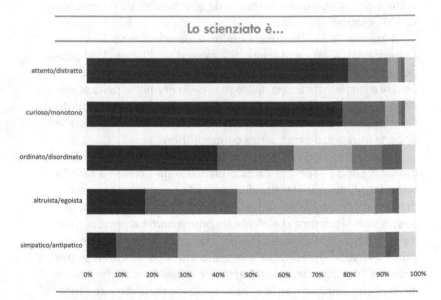

Lo scienziato è...

attento/distratto
curioso/monotono
ordinato/disordinato
altruista/egoista
simpatico/antipatico

0%   10%   20%   30%   40%   50%   60%   70%   80%   90%   100%

Lo scienziato è una persona normale, professionalmente eccezionale

Pensare che lo scienziato è puro genio, oggi, è una lettura superficiale e parziale: solo la metà dei ragazzi ritiene che *il lavoro dello scienziato è frutto del suo genio*. Il genio emerge tra chi ha una cultura bassa, tra i *fiduciosi acritici* e tra i *nonfaperme*, confermando il fatto che è sempre più un portato dei *mass media* e sempre meno un sentire profondo.

La caratteristica sulla quale sono invece tutti d'accordo è l'abnegazione: uno scienziato deve essere disposto a studiare molto ma, soprattutto, a sacrificarsi. L'impegno totalizzante nello studio coincide con la definizione stessa di scienziato, parafrasato tipicamente come *studioso di scienza* o *chi ha studiato la scienza*. Lo studio ha come oggetto la natura, la vita ed è frequentemente uno studio attento e finalizzato a capire. Il suo è un lavoro impegnativo, diverso da quello di tutti gli altri, al quale deve darsi con amore profondo, anche se il rischio di errori lo porta a essere ossessionato. Quando va bene, lo scienziato non lascia il laboratorio sino a che non ha finito il suo lavoro. *È solamente una persona che ama molto il suo lavoro*, come lo descrive liberamente uno dei partecipanti. Sacrificio, studio e lavoro danno i loro frutti perché lo scienziato è inserito nell'ambito di un istituto del quale rispetta le regole, le gerarchie, i ruoli. Scompare la figura romantica dello scienziato che in totale solitudine arriva al risultato eclatante: la scienza è irrinunciabilmente un'impresa collettiva.

Oltre a non essere soltanto geniale, lo scienziato non è nemmeno identificato con lo stereotipo del pazzo. Quando è tale, si tratta di una follia che è piuttosto stravaganza, conseguenza dell'impegno esclusivo per la scienza. Per quanto originale, la sua figura è del tutto innocua: rischi e pericoli sono quasi estranei alla pratica della scienziato e, quando proprio ci sono, sono rischi calcolati e inevitabili o piuttosto rischi che lo scienziato corre in prima persona come chiunque nel fare un lavoro che può essere pericoloso. Nel rappresentare lo scienziato, prevale l'ottimismo: lo scienziato migliora le condizioni dell'umanità, mette le proprie conoscenze al servizio di tutti, aiuta il suo prossimo, è generoso, persegue il bene. Lo scienziato cerca di raggiungere nuovi risultati, scoperte, conquiste: fa progredire la conoscenza e la vita. L'oggetto del suo interesse è la natura o più in genere i fenomeni naturali. Tant'è che *chi studia i fenomeni naturali* viene proposta come un'altra frequente definizione di scienziato. La sua figura è proiettata in una dimensione oggettiva che tende a escludere le relazioni interpersonali: *È un uomo che da più fiducia alla matematicità degli eventi, alla verità, piuttosto che alle persone*, in contrasto con la dichiarazione emersa in altri punti dell'indagine nei quali la dimensione sociale è importante, gli amici, anche non scienziati, lo aiutano nel suo lavoro. Queste evidenti contraddizioni restituiscono un'immagine più vera e articolata e per questo molto più credibile di quella stereotipata. Uno degli elementi di ricchezza di quest'immagine è che lo scienziato è visto come *un uomo che si pone domande su eventi, che per la gente comune sono normali e quotidiani*. La scienza è negli occhi di chi guarda, non sono gli oggetti del suo studio a caratterizzare la scienza, ma il *modo* con cui questa li studia.

Lo scienziato è un buon osservatore e all'osservazione deve abbinare la capacità di elaborare ipotesi. È interessato alla natura, mentre lo è molto meno ai problemi dell'umanità. D'altra parte la disponibilità a mettersi al servizio degli altri è praticamente nulla, e questo conferma la posizione di neutralità che i ragazzi gli attribuiscono rispetto all'altruismo: non è così importante che lo scienziato sia mosso da desiderio di aiutare gli altri, può averlo nella stessa misura in cui ce l'abbiamo tutti noi, altri sono gli aspetti positivi del suo essere.

Infatti, la stima incondizionata, ingenua e francamente irrealistica, che alcuni mostrano per lo scienziato e per le sue capacità, è frutto di un'aspettativa altrettanto incondizionata sulla scienza: *la scienza indaga su tutto*. Quando le cose stanno così, il metodo perde d'importanza, la scienza si muove senza limitazioni e in definitiva senza assumere ipotesi restrittive. Siamo di fronte a una visione ingenua, *naif*, della scienza, una scienza che si occupa di capire indipendentemente da come lo fa, una scienza che perde di vista il galileiano *provando e riprovando* per essere tutta concentrata sulla scoperta, sul risultato. Una scienza che non si pone limiti e che può avere risultati in ogni direzione.

Paradossalmente, gli *ostili* sono anche convinti che la scienza serva per conseguire la felicità, il che mostra in un certo senso come l'aspirazione alla felicità sia un'aspirazione superficiale e *naif*. Però è un'aspirazione che guarda al futuro, e le aspettative sul futuro misurano significativamente quanto ciascuno di noi si fidi di qualcosa. Ed ecco allora che emerge come per quattro persone su cinque le scoperte scientifiche miglioreranno molto la vita di tutti i giorni: influiranno cioè sul nostro stile di vita quotidiano, sulle abitudini, dove quel *nostro* è riferito ai paesi ricchi, sviluppati, ma anche alle persone non marginali al loro interno. Per gli altri, la scienza può fare ben poco: non creerà più posti di lavoro di quanti ne eliminerà e non risolverà il problema della povertà e della fame nel mondo.

La tensione tra la fiducia minimale e il pessimismo sui problemi globali produce nel complesso un ottimismo realista: sinora la scienza ha fatto più bene che male, ma in futuro questa sicurezza scemerà un po', mentre aumenteranno le perplessità sulle *sorti magnifiche e progressive*.

L'interesse e l'informazione

Tra i ragazzi italiani che frequentano la prima o la seconda superiore l'interesse per la scienza è piuttosto diffuso: più di tre quarti degli intervistati si dichiara molto o abbastanza interessato. Lo stesso non si può dire in merito al livello di informazione, circa la metà dei ragazzi si considera poco informato, ma ciò non stupisce, considerata la giovane età dei ragazzi e, dato ancor più rilevante, l'enorme vastità di sapere che si intende quando si parla di scienza.

La dichiarazione di interesse per la scienza è, in genere, molto alta. In gran parte, i ragazzi pensano di essere molto (17%) o abbastanza (61%) interessati; e, soprattutto, c'è solo una minoranza che ritiene di non esserlo per niente (1%). Nessuno dichiara apertamente la propria ostilità. In modo prevedibile, l'interesse diminuisce tra le persone di *cultura bassa*; mentre raggiunge il suo livello minimo, per ragioni opposte e complementari, tra quanti sono *preoccupati* dalla scienza e dalle sue applicazioni e tra quanti viceversa hanno una *fiducia acritica*.

Per ciò che riguarda invece l'autopercezione che i ragazzi hanno sul loro livello di informazione, i risultati non sono così rosei e la maggior parte si divide tra chi si sente *abbastanza* (44%) e *poco* (51%) informato. Le femmine pensano di essere molto più informate dei maschi, con una differenza di dieci punti percentuali, 50 contro 40, se si sommano le voci *molto* e *abba-*

stanza. Pensano di essere poco informati i ragazzi di cultura medio bassa e quelli di interesse medio basso; gli *ostili* e i *preoccupati*. Viceversa i molto *interessati* e i *consapevoli* si ritengono anche ben informati.

Reputarsi informati, però, è cosa ben diversa dall'esserlo e, prima ancora, dall'avere l'abitudine e la prassi di accedere con frequenza ai mezzi d'informazione. I ragazzi tendono a essere convinti che le fonti d'informazione significative siano quelle formali più di quelle informali, quelle dedicate più di quelle in cui si parla di scienza *di passaggio,* quelle che richiedono una fruizione passiva più di quelle che richiedono uno sforzo attivo. Ritengono per esempio che le riviste informino più dei giornali, i libri più dei fumetti, la televisione informi più di internet: navigando bisogna fare delle scelte e le scelte indeboliscono il significato e il peso dell'informazione che si ottiene. Il dialogo con gli amici non è visto per niente come un momento di confronto, crescita e apprendimento: è una situazione nella quale nessuno esercita l'autorità, quindi da lì la scienza non passa. Solo i *molto interessati* credono al dialogo e al confronto e possono almeno in parte

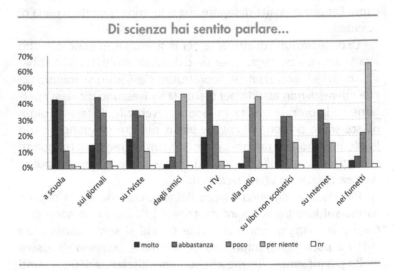

Di scienza hai sentito parlare...

■ molto ■ abbastanza ■ poco ▨ per niente ☐ nr

Le fonti secondo i ragazzi sono scuola, televisione, internet e riviste

rinunciare a un'autorità che dica loro come stanno le cose – infatti sono solo loro a indicare in misura rilevante *gli amici*, i *libri non scolastici* e i *fumetti* come veicoli d'informazione. Allo stesso modo, i *molto interessati* sanno ricorrere a internet come fonte per ricevere informazioni; e quest'attenzione li accomuna, ovviamente, ai *tecnofili*.

L'influenza dei media e del dibattito nella società emerge anche dalla dichiarazione di interesse per argomenti specifici, soprattutto perché se un tema non è più sulla cresta dell'onda (*elettrosmog* e *mucca pazza*), automaticamente stimola meno interesse, incuriosisce meno, e immediatamente i ragazzi ritengono di saperne già abbastanza. Ai tempi dell'indagine, l'interesse maggiore era conteso tra due temi – *clonazione* e *ogm* – che sollevano questioni etiche e connesse all'uso che si farà delle applicazioni future. Chi ha una visione *tecnologica* è più attratto da inquinamento atmosferico ed elettrosmog, mentre si disinteressa alla clonazione alla quale s'interessano i *consapevoli*, i *molto informati* e i ragazzi meridionali. In generale, si verifica un forte distacco fra la considerazione che la scuola sia la maggior fonte d'informazione sulla scienza e l'interesse mostrato per temi che non vengono tipicamente affrontati in classe, due sopra tutti: buchi neri e clonazione. I ragazzi cercano proprio informazioni che stanno al di fuori della scuola. I temi che interessano maggiormente i ragazzi riguardano infine aspetti che coinvolgono la vita sociale e che dimostrano di risvegliare in loro anche preoccupazione. In particolare, a suscitarla sono la clonazione, che evoca rischi di natura etica, l'inquinamento, il buco nell'ozono e gli ogm, per il pericolo alla sicurezza ambientale, la mucca pazza per la salute e la sicurezza alimentare. L'interesse per medicina e psicologia rimanda alla sfera personale dell'individuo, nelle due dimensioni fisica e spirituale, e non è estraneo il fatto che questa seconda dimensione sollevi molti degli interrogativi che mettono in conflitto l'io di ciascuno di noi con la scienza. L'astronomia è la scienza forse più evocativa, che richiama almeno agli occhi di un ragazzo la collocazione dell'uomo nell'universo. E la genetica deve il suo successo al grande *battage* di cui è da tempo oggetto.

Chimica, matematica e fisica possono contare su una tradizione secolare che ne fa, comunque, un oggetto d'interesse diffuso. Il consenso per l'astrologia è un faro acceso sulla scarsa comprensione di cosa sia il metodo scientifico: infatti l'astrologia è una pratica in qualche senso rigorosa, ma del tutto avulsa da ogni principio di causalità, che per questo viene confusa con la scienza. E la confusione sul metodo è uno degli elementi che annebbia lo sguardo dei ragazzi sulla scienza. È una confusione che emerge quando si parla degli oggetti di studio – *la scienza studia tutto* – perché non c'è la consapevolezza che si fa scienza solo quando si circoscrive il campo di ricerca per mezzo di ipotesi. Ed è una confusione che i ragazzi hanno anche quando devono dire se una professione è o meno scientifica.

Interessi a parte, come è la relazione di ciascun ragazzo con la scienza? Qual è la capacità di identificarsi con lo scienziato? Quanta la fiducia in chi la pratica? Quali le fonti d'informazione alle quali si ricorre più spesso? Ogni ragazzo misura la distanza che lo separa dalla scienza, pesa il proprio interesse e la propria informazione, ha o si nega dei sogni su un futuro che comprende la scienza, si fida o meno dei risultati e delle ricadute di questa.

Poco più di un terzo dei ragazzi contempla la possibilità di essere uno scienziato o, meglio, è convinto che *lo scienziato può essere chiunque, anch'io*. Per i restanti due terzi quest'ipotesi è alquanto remota e lo è tanto di più tra chi è *ostile*, o almeno *poco interessato*.

È difficile identificarsi con la figura di uno scienziato che ha un'età tanto diversa dalla propria: lo scienziato è un adulto o addirittura un vecchio. Sicuramente non è un bambino, e solo per alcuni potrebbe essere un giovane, dal momento che *la vera molla* per fare scienza *è l'entusiasmo*. Di ciascuna fascia d'età, però, porta con sé qualche segno, infatti lo scienziato è curioso, entusiasta, saggio e disposto a studiare molto. Un ritratto nel quale, per almeno due caratteristiche su quattro – curiosità ed entusiasmo – i ragazzi non hanno troppe difficoltà a identificarsi.

Per ciò che riguarda le differenze di genere, è ormai molto diffusa la consapevolezza che, per fare scienza, *il genere è indifferente*. È una consapevolezza disomogenea: la pensano così quelli che hanno una cultura familiare *alta*, ma non quelli che ce l'hanno *medio bassa*; i *molto interessanti* ma non quelli che lo sono *poco*; per non parlare di quelli che si reputano estranei alla scienza, che la vedono come un'impresa prevalentemente maschile.

Il problema dell'identificazione

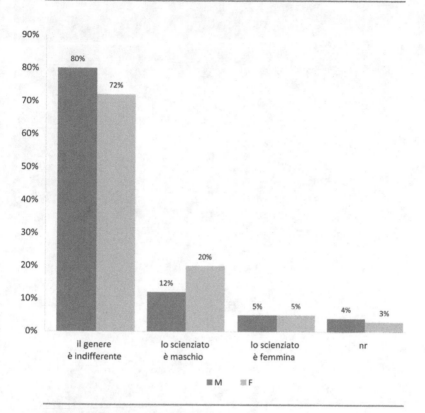

Il genere dello scienziato è indifferente, ma le ragazze trovano più pro-babile che sia un maschio

Ma l'aspetto più interessante sulla questione di genere è che le ragazze vedono la figura dello scienziato più maschile di quanto facciano i maschi. Per il 5% di ragazzi e ragazze lo scienziato è esclusivamente femmina. Sul totale, fra chi pensa che sia esclusivamente maschio, il 12% sono ragazzi mentre il 20% sono ragazze. Insomma, per le ragazze lo scienziato è molto più uomo di quanto lo sia per i ragazzi, quasi a indicare che le ragazze non osano sperare in un coinvolgimento nella scienza.

Scienza in famiglia

La casa, origine d'idee e convinzioni

Intorno alla tavola, davanti al televisore, nello scegliere i consumi, le vacanze e ogni acquisto, entra in gioco molta scienza. Così la famiglia ha un ruolo nella formazione di opinioni, credenze, concezioni, vuoi giuste vuoi errate sulla scienza: quali dinamiche si sviluppano attorno alla scienza e ai suoi risultati? Quali aspettative e quali paure ci sono su di essa? Come viene interpretata, letta, immaginata attraverso la televisione, i giornali e le riviste? Cosa se ne dice con parenti e amici?

Per indagare sulla famiglia si può decidere di agire direttamente entrando con i ricercatori nelle case, oppure farlo indirettamente lavorando con un membro della famiglia stessa. Nel primo caso, il rischio è quello di influenzare le dinamiche in atto con la sola presenza di un elemento estraneo. Nel secondo, il prezzo è di avvalersi di un solo testimone per lo più non necessariamente fedele in quanto coinvolto in prima persona nelle dinamiche.

È stata scelta la seconda via, lavorando con ragazzi e ragazze di seconda media, in un'attività proposta ed elaborata a scuola. Si è trattato di realizzare una *ricerc-azione*, che fosse uno strumento didattico sul metodo scientifico, su come funziona una ricerca sociale, su quali sono i rischi e i problemi del fare ricerca – dalla selezione degli strumenti, al trattamento dei dati; ma che fosse anche, contemporaneamente, un'attività che ci permettesse di raccogliere le parole di genitori, fratelli, sorelle, zii, nonni, attraverso la testimonianza e il lavoro dei ragazzi e delle ragazze coinvolti.

La famiglia è per antonomasia il luogo d'origine delle idee e delle convinzioni, quelle che hanno radici profonde, consapevoli e inconsapevoli; quelle che lasciano il segno negli anni e condizionano le scelte; quelle alle quali aggrapparsi, ma anche quelle infondate, alle quali ci si aggrappa ugualmente. Naturalmente, questo succede in molti campi e in molte direzioni, e la scienza non fa eccezione. Anzi, la scienza è un tipico esempio di sapere articolato che si fonda su idee radicate e su convincimenti profondi, anche quando l'obiettivo è stravolgerli.

La ricerc-azione *Scienza in famiglia*

Il percorso *Scienza in famiglia* richiede otto incontri in classe, quattro momenti di lavoro a casa e l'intervento di tre esperti esterni per:

– definire gli obiettivi e l'impegno del percorso e illustrare l'importanza della documentazione. Su questo i ragazzi lavorano attorno al concetto di *scientificità*, ordinando cinque articoli di giornale in classe, e altri cinque in famiglia. In classe si confrontano le motivazioni e si cercano di cogliere gli elementi che rendono *più scientifico* un testo. A casa si propone l'attività anche a genitori o parenti;

– riflettere sulla scienza, sulle sue possibili definizioni, sulle metafore che la descrivono, sul ruolo degli scienziati. A casa viene compilata una scheda, chiamata *Ig/Nobel*, che chiede alle famiglie di accordarsi sullo scienziato più importante, la scoperta più grande, quella più dannosa e così via. Unendo i diversi risultati emergono le visioni della classe;

– occuparsi di comunicazione, presentando alcune tecniche d'intervista, e qualche trucco del mestiere. Solo a questo punto viene data ai ragazzi la traccia dell'intervista che devono somministrare ai membri della famiglia registrandone le risposte. I risultati vengono poi analizzati in gruppo a scuola.

Il percorso si conclude con la realizzazione di strumenti di presentazione al pubblico dei risultati conseguiti.

I risultati qui esposti sono stati ottenuti nell'anno scolastico 2005-2006 da sei seconde medie di Milano che hanno seguito il percorso con l'insegnante di scienze coadiuvato dal collega di lettere.

Per studiare le radici della scienza, anziché indagare le conseguenze finali – ciò che impariamo, ciò che sappiamo – è rilevante considerare l'atteggiamento verso la scienza, alla luce della percezione e del livello di fiducia, o di paura, che tutti noi abbiamo. Di conseguenza, per capire cosa le persone immaginano che la scienza sia, è utile indagare in famiglia com'è costruita ed elaborata un'*immagine della scienza* che è anche indicatore del rapporto tra scienza e non scienza. Come nei disegni e nelle storie dei bambini, nei pensieri e nelle parole dei ragazzi, è nelle discussioni familiari, nelle opinioni condivise, nelle scelte di vita che si legge come la scienza è vista e percepita.

L'ipotesi fondante di *Scienza in famiglia* è che tutti i membri di una famiglia contribuiscano attivamente alle dinamiche domestiche. Il ruolo di ciascuno è rilevante e spesso concorrono a formare opinioni sulla scienza anche persone che fanno parte di un cerchio leggermente più largo – parenti e amici, per esempio. Per questo ai ragazzi è stato chiesto di intervistare uno o due membri della famiglia, non restringendo il campo ai soli genitori ma lasciando a chi lo voleva di muoversi in questo cerchio più largo. Vista la delicatezza del compito – si trattava per un ragazzo di tredici anni (età non sempre facilissima) di dialogare con un adulto al fine di capire i comportamenti del proprio nucleo familiare, la realizzazione delle interviste non è stata posta come obbligatoria. Gli intervistatori sono stati 83 – più maschi che femmine, come rappresentato nel grafico a pagina seguente.

Molti hanno lavorato con più di un membro della propria famiglia, per un totale di 128 interviste. A essere intervistate in maggioranza sono state le madri, forse per una loro maggior disponibilità al momento dei compiti o comunque perché maggiormente presenti in casa rispetto ai padri. Diciassette interviste sono state fatte ad altri parenti, compresi un fratello, una zia e quattro sorelle.

Le femmine tendono a intervistare di più le madri mentre i maschi non mostrano alcuna preferenza. Quasi a indicare che sulla scienza le ragazze cercano come esperienze di riferimento quelle femminili, a sostegno di atteggiamenti positivi che si stanno creando relativamente da poco nella nostra società.

Numero delle interviste realizzate

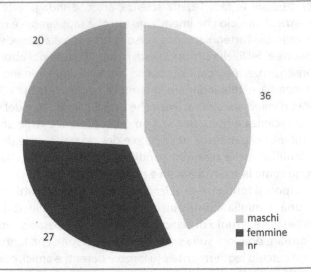

- maschi
- femmine
- nr

Ragazzi e ragazze hanno intervistato membri della propria famiglia sulla scienza

Genitori e altri parenti

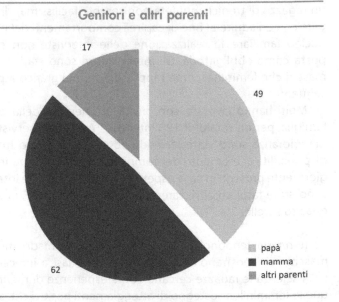

- papà
- mamma
- altri parenti

I parenti intervistati sono stati in prevalenza mamme

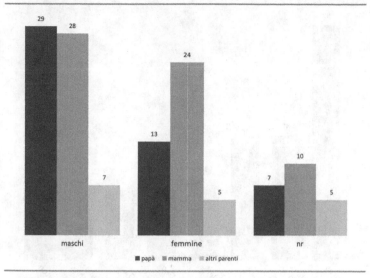

papà ■ mamma ■ altri parenti

Il dialogo con la mamma è più facile, soprattutto per le ragazze

Stampa, televisione e denaro

Le famiglie conoscono le riviste e i programmi televisivi che parlano di scienza: mediamente ciascun intervistato ha saputo indicare 3,5 testate. *Focus* è di gran lunga la più conosciuta: oltre il 72% del campione la cita, seguita da *La macchina del Tempo, Quark, Superquark, Geo-Geo, Gaia, National Geographics* e *Newton.*

Tutte le altre si collocano sotto il 10% di citazioni. È interessante notare che la lista completa delle testate citate ne comprende 52, alcune professionali e specializzate: *The Lancet* e un paio di *Journal of* qualche disciplina specialistica. Raccolgono citazioni *Nature, Science* e *Scientific American*, e questo vuol dire che ci sono famiglie che hanno un'attenzione molto alta verso la scienza. Vengono citati genericamente i programmi con Piero Angela e Alessandro Cecchi Paone, che riviste non sono, ma che nell'immaginario italiano sono solidamente associati alla scienza. E ottiene due segnalazioni anche *Panorama*, il che invece mette in luce una qualche confusione tra la scienza e l'attenzione alle pagine di scienza dei periodici.

Il solito Albert e la piccola Dolly

Le riviste più citate

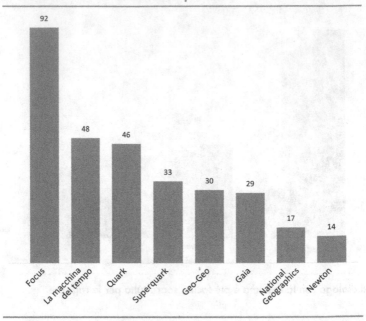

Le riviste che i parenti hanno indicato ai ragazzi in risposta alla domanda "Anche se non leggi regolarmente, quali riviste scientifiche conosci?"

Sempre a proposito d'informazione, tra i temi che gli intervistati associano particolarmente alla scienza ci sono la genetica e il DNA, la clonazione e Dolly, il motore a idrogeno e il buco dell'ozono, l'AIDS e l'aviaria. Si tratta di questioni che hanno guadagnato le prima pagine dei quotidiani:

> La pecora Dolly perché sono rimasta allibita appena ho sentito la notizia, in quanto non pensavo che si potesse clonare una pecora.

Rimangono molto impresse anche le notizie che parlano di pianeti o di UFO, vale a dire argomenti che sono ben radicati nell'immaginario e che richiamano lo spazio e l'universo:

> Le nuove teorie sui buchi neri, perché sono affascinanti e studiano i fondamenti dell'Universo.

Sì, l'esplorazione dell'universo perché così è possibile scoprire cosa c'è intorno a noi.

In modo più prevedibile, sono presenti le notizie che hanno una ricaduta immediata, vera o percepita, sulla vita delle persone, in particolare di carattere medico:

Sì... sono rimasta colpita quando hanno detto che prendere tanto sole fa male... Ora ne prendo molto meno...

Mi ha colpito quando è stato individuato il virus dell'AIDS; me lo ricordo perché lavoravo in ospedale e la notizia ha modificato molto il nostro modo di lavorare, sono state prese molte più precauzioni.

Per i più la ricerca medica è la ricerca vera e propria. Così non colpisce che sia questo il campo che attira maggior interesse. È significativo invece che nei genitori intervistati ci sia consapevolezza attorno alla cosiddetta *fuga dei cervelli*. Si mescolano una certa dose di sciovinismo, che fa essere orgogliosi dei *nostri* risultati, e il dispiacere per una situazione distratta che lascia, o meglio spinge a *fuggire* gli artefici di questi stessi risultati:

Quando un dottore italiano, residente negli USA, ha scoperto una cura di una malattia, ero fiera che fosse italiano, ma ero dispiaciuta che fosse *fuggito* in America.

Non è sciovinismo ma consapevolezza che la scienza ha bisogno di risorse umane ed economiche. Infatti, questa citazione apre la questione della ricerca italiana, proposta nella traccia di intervista svolta dai ragazzi attraverso la domanda *Sei incaricato di scegliere a chi fare una donazione di 50.000 euro. Quale campo proponi? Perché?*

Le risposte a questa domanda colpiscono perché non prevedono quasi mai la scienza come una delle possibilità. I più vanno fuori tema e rivolgono la loro attenzione alla soluzione di problemi rilevanti, ma che non si propongono certamente nei termini di un *campo di ricerca*: si va dai bambini (poveri), agli ospedali nei paesi in via di sviluppo, alla fame nel mondo:

Io invece li verserei a qualche associazione a favore dei bambini perché credo sia importante dare una famiglia a tutti bambini che non hanno avuto la possibilità di averne una vera.

I poveri in Italia. Perché prima di aiutare gli altri è meglio aiutare quelli che stanno qua, no? Così si muove l'economia.

Sembra quasi che gli intervistati vogliano porre una certa distanza tra la scienza e la soluzione dei problemi *veri*, come se ci fosse una certa disillusione sulle possibilità della scienza, che vengono percepite come inferiori alle aspettative. Ed è significativo che questa distanza venga marcata nel contesto di un'intervista sulla scienza.

Una delle poche risposte che fanno riferimento esplicitamente a tematiche scientifiche è:

Ricerca scientifica, perché i fondi stanziati dallo stato sono sempre insufficienti,

osservazione che non entra nel merito della scelta di cosa sostenere, ma che riflette la crisi in cui versa la ricerca italiana.

Tutte le risposte che riguardano la sfera della salute sono invece ben collocate in area scientifica. Qui, per gli intervistati, i veri campi da sostenere sono le malattie, meglio se rare o incurabili o ancora *nuove*. Appare piuttosto di frequente una generica voce salute, ma sono anche presenti quelle più specifiche dedicate alla leucemia e all'aviaria. Al di fuori della sfera medico-sanitaria, raccolgono consenso le tematiche ambientali – energie rinnovabili e lotta all'inquinamento – e l'opposizione alla guerra – contro la bomba atomica.

Ma la vera star tra le opzioni da sostenere sono i *tumori* che vengono citati da oltre un quarto del campione, con 34 ricorrenze, alcune delle quali anche con toni enfatici:

Ricerca sul cancro perché è la malattia del secolo.

Ci sono poi risposte interessanti non tanto nel merito, quanto per la visione della scienza che sottendono:

Nella medicina perché prima si vive meglio, poi si salva il mondo,

proposta che vede la scienza come protagonista della qualità della vita in una prima fase, e della risoluzione di tutti i problemi subito dopo, in un crescendo che va dal particolare al generale.

Infine, salta all'occhio l'unica risposta consapevole delle proporzioni della ricerca scientifica:

50.000 € sono una cifra irrisoria ai fini di una ricerca significativa; in ogni caso li investirei nel campo energetico per trovare sistemi di utilizzo delle risorse naturali per produrre energia senza inquinare o deturpare l'ambiente.

Tenaci e portati per la matematica

La scienza è il motore del progresso e il progresso è positivo, quindi *la scienza è positiva*. Questa convinzione pervade molte nelle risposte alla domanda *Qual è la prima cosa che ti viene in mente se senti la parola scienza?* In molti casi, nelle risposte si cela una valutazione positiva sulla scienza:

Mi viene in mente il nostro futuro. Scoprire cose nuove e, soprattutto aiutare molte persone competenti in questo campo per trovare il sistema di sconfiggere molte malattie.

La prima cosa che mi viene in mente sono le invenzioni, le scoperte, quindi più in generale il progresso.

Una seconda categoria di risposte viene da coloro che vedono la scienza come lavoro, che, in quanto scientifico, si svolge in laboratorio. I laboratori descritti sono ricchi di oggetti, di particolari, di dettagli e di sfumature, chiaro indizio di come l'immaginario sulla scienza sia cristallizzato:

Allora io appena sento *scienza* penso a un grande laboratorio pieno di provette, *beaker* e microscopi dove si fanno esperimenti pericolosi e dove da un momento all'altro potrebbe esplodere tutto… Sì questa per me è la scienza…

Mi viene in mente un laboratorio di ricerca scientifica, perché nella mia immaginazione uno scienziato lavora in un laboratorio, anche se spesso non è così.

Un altro tema portante è quello del grande investimento di tempo e del conseguente sacrificio che la scienza pretende da chi la sceglie come professione. Fare scienza richiede abnegazione e dedizione assoluta. Il lavoro di ricerca viene spesso svolto in orari notturni o comunque in modo sregolato. Il lavoro di scienziato viene percepito come molto più impegnativo di altri in termini di tempo e di studio e questo è uno degli ostacoli maggiori nel pensare la scienza come un mestiere per sé e per i propri figli.

Il lavoro dello scienziato che dedica tempo e attenzione all'osservazione dei fenomeni che ci circondano.

[pausa di silenzio] Delle persone che studiano tantissimo.

Per scienza mi vengono in mente molte cose, ma alcune risaltano tipo *studio* perché la scienza si studia. Poi mi viene in mente *difficoltà* e *pazienza* dato che le difficoltà ci sono sempre e invece la pazienza è una qualità necessaria.

La predisposizione che lo scienziato deve avere allo studio richiama immediatamente quella degli studenti per riuscire nelle materie scientifiche. Anche a scuola queste discipline richiedono tempo, applicazione e talento. L'idea del talento è molto radicata nell'immaginario dei genitori: senza talento non si studia scienza e soprattutto ci sono persone portate per la scienza e altre che invece non lo sono:

   – *Mi consiglieresti studi scientifici? E perché?*
   – Sì, perché hai il cervello per farlo.

L'ostacolo fondamentale negli studi scientifici è la matematica. Per i parenti – genitori ma non solo – di studenti di seconda media sembra evidente che la scienza sia fortemente matematizzata e che chi non riesce in matematica non può studiare e fare scienza:

– Mi consiglieresti studi scientifici? E perché?
– No! Il perché è moooooolto semplice: tu non vai bene in matematica.

Sembra quasi che per scienza s'intenda soltanto qualcuna delle discipline dell'area fisico-matematica e che le scienze della vita non siano effettivamente tali, sebbene i progressi della scienza siano di frequente identificati con i progressi nella medicina.

Naturalmente, la predisposizione per la matematica non ha alcun fondamento, ma l'idea di questa predisposizione è comunque consolidata nell'immaginario e influenza le scelte e i consigli per gli studi futuri. Nonostante questo, però, molti spingono i ragazzi verso gli studi scientifici. Può essere che parte della spinta sia dovuta al fatto che la domanda sugli studi è stata fatta in un'intervista sulla scienza che viene da un'attività scolastica, ma in ogni caso la fiducia è così ampia da essere comunque significativa. Dalle risposte emergono quattro linee principali.

La prima è quella di chi *non* consiglia di intraprendere studi scientifici, in quanto la scienza richiede un livello di coinvolgimento molto alto, un sacrificio e un impegno che possono essere decisi solo in prima persona:

> Credo che non si possa consigliare uno studio scientifico a un'altra persona in quanto chi lo fa deve dedicare tutta la sua vita alla qual cosa e deve sicuramente trovare la forza di farlo dentro se stesso.

La seconda è quella di chi la consiglia ponendo l'accento sulla *dimensione conoscitiva*. La scienza è utile e lo è perché dà gli strumenti per conoscere, molto più che per le sue ricadute tecnologiche, mediche o comunque applicative. La scienza è conoscenza e conoscere è di per sé una cosa positiva. Viviamo in società sempre più articolate e globalizzate e quindi conoscere vuol dire dotarsi di strumenti per gestire meglio il futuro. Sembra quasi che ci sia coscienza che ci saranno condizioni di sempre maggior incertezza e che l'incertezza si domina possedendo buoni strumenti culturali:

> Consiglierei studi scientifici, perché è bello sapere cosa ci può riservare il futuro e sapere come affrontarlo.

La terza è quella di chi riconosce nella ricerca e nelle altre professioni scientifiche una reale *opportunità di lavoro*. Le professioni scientifiche sono tante e varie, di contro non sono molti quelli che conseguono un livello di formazione sufficiente a perseguirle, quindi avere una preparazione scientifica vuol dire dotarsi degli strumenti per essere competitivi e versatili nel mondo del lavoro:

> Sono interessanti, affascinanti e offrono diverse opportunità di lavoro.

L'ultima è la posizione idealista dell'utilità generale, del *servizio* all'umanità, del superamento dei problemi generali, dalla povertà all'AIDS, dalla fame nel mondo alla guerra. In quest'ultimo orientamento lo scienziato è visto come un risolutore di problemi, un soccorritore dei deboli e degli oppressi, in una parola un *salvatore*:

> Mi consiglierebbe studi nel campo della medicina (potrei inventare delle medicine che possono curare una malattia impossibile da curare) nel campo della natura (potrei scoprire cose nuove: animali, piante, alberi...) potrei diventare una scienziata, fare esperimenti e inventare cose nuove che possono servire all'umanità.

Tabù a colazione

L'attenzione e la partecipazione alle discussioni sulla scienza mostrano come, a famiglia riunita, le notizie scientifiche siano uno stimolo all'interesse, che dà vita a vivaci e partecipati momenti di confronto. La scienza catalizza l'attenzione, stimola la discussione, è un terreno comune che scavalca le differenze generazionali e annulla le disparità. Di fronte alla scienza, tutti sono ignoranti e per questo tutti sono un po' esperti. In famiglia, nessuno si sente tagliato fuori, quando c'è da sviscerare una questione scientifica.

> Ne prestiamo attenzione e se è molto importante se ne discute in famiglia e alla conversazione partecipa tutta la famiglia.

Solitamente le notizie scientifiche interessano tutti nella nostra famiglia, per cui ritengo che sia giusto discuterne per chiarire un po' tutti gli aspetti della scoperta fatta.

La scienza fa discutere e la famiglia è sede di apprendimento informale ma attivo, è coinvolta e partecipe a tutto ciò che è scienza, in un clima intellettualmente stimolante. Stimolante a tal punto che anche i più piccoli, se capiscono, intervengono:

Discutiamo tutti perché anche Francesca ascolta e se capisce dice la sua.

Anche se più realisticamente qualcuno dice:

Di solito se si sente la notizia, si discute e partecipiamo tutti tranne la piccola Alessia.

E questo è uno dei nodi interessanti delle risposte: gli studenti-intervistatori sono tutti considerati interlocutori sulla scienza. I genitori – tranne chi ha una professione scientifica – si mettono quasi sullo stesso piano di questi loro figli. La situazione è però diversa per gli altri, quelli più piccoli. Sembra che ci sia un'età – cinque, sei, otto anni? – che discrimina tra la comprensione e la non comprensione degli argomenti scientifici: i piccoli sono troppo piccoli per capire e partecipare.

Il discorso sui più piccoli è strettamente collegato a quello sugli argomenti tabù perché sono i bambini che in genere devono essere preservati da argomenti scottanti. In genere, in casa si parla di tutto, soprattutto a proposito della scienza, con grandi dichiarazioni di apertura. A una prima lettura delle risposte alla domanda *Ci sono argomenti scientifici di cui è meglio non parlare in famiglia e perché?* sembra che la scienza sia un argomento pacifico, magari difficile e arduo da capire, ma comunque scarsamente controverso e non *vietato ai minori*:

No… La scienza non deve vergognare…

. Non c'è nessun argomento scientifico di cui non si deve parlare perché la scienza è il nostro futuro.

Naturalmente a una lettura più approfondita emergono risposte meno semplicistiche, che pur essendo in numero minore, probabilmente sono più veritiere e rispecchiano meglio i reali atteggiamenti in contesto domestico. Si tratta di genitori che non si nascondono, e quindi non nascondono ai figli, che la scienza ha applicazioni negative e che, proprio in quanto applicazioni della scienza, anche di queste si deve parlare. Va detto però che quest'obiezione non è rivolta direttamente alla scienza, ma piuttosto all'uso che se ne fa nella società. La critica non è rivolta agli scienziati, ma a chi ne applica i risultati. In ogni caso di critica si tratta:

> No, la scienza è patrimonio comune. Si deve parlare anche di impieghi negativi, per capirli.

Prevedibilmente tra gli argomenti tabù ci sono sicuramente la nascita, la fecondazione, gli embrioni e il sesso – quelli che un intervistato ha chiamato gli *argomenti intimi*:

> Embrioni, perché è un argomento difficile.

> Il sesso, perché potrebbe mettere a disagio Valentina.

Gli argomenti intimi sono un tabù che va ben al di là della scienza e che ha origini diverse e in qualche senso ataviche. Diversa invece è l'identificazione della scienza con la violenza. In alcune famiglie è meglio non parlare di vivisezione e di esperimenti nucleari. La vivisezione richiamerebbe, come la guerra, gli atti violenti e questi non sono adatti alle orecchie dei figli:

> Sì, quelli che riguardano la guerra e la vivisezione, perché riguardano atti violenti.

Gli esperimenti nucleari, invece, sono identificati con la guerra *tout court*. Ed è significativo che, in un'epoca nella quale le questioni energetiche sono questioni calde, in nessuna famiglia è stato fatto riferimento al nucleare per usi civili, che pure non è affatto assente dai media:

> Esperimenti nucleari per evitare di parlare di guerra.

Insomma, la scienza è responsabile anche della guerra, come lo è dei kamikaze e delle droghe, il che mostra che è percepita come onnicomprensiva e diffusa su tutte le dimensioni della vita sociale.

Guardando oltre ai tabù, l'immagine delle famiglie che emerge a proposito degli interessi e dell'attenzione verso la scienza è quella di nuclei molto coinvolti e partecipi. Ben diversa invece è la situazione quando si passa dalla famiglia in senso stretto a una cerchia più larga: quella degli amici. Alla domanda *Con i tuoi amici, parli mai di argomenti scientifici?* il campione dei 128 intervistati si spacca abbastanza equamente tra il sì e il no.

Naturalmente il sì non è così netto, ma è mediato da un certo numero di *ogni tanto* e il no si confonde con i *quasi mai*:

No, raramente, perché non conosco molto di scienze e non sono pronta ad affrontare un argomento, e tra amici sinceramente parlo d'altro.

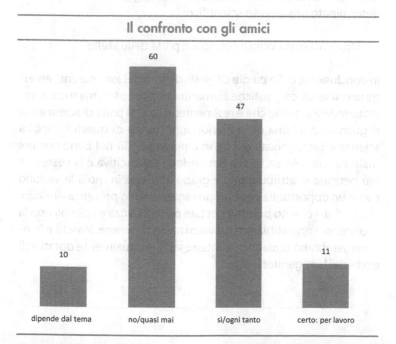

Il confronto con gli amici

- dipende dal tema: 10
- no/quasi mai: 60
- sì/ogni tanto: 47
- certo: per lavoro: 11

"Con i tuoi amici, parli mai di argomenti scientifici?": c'è chi dice sì e chi dice no

Anche se non mancano posizioni nette e affermative, molte delle famiglie nelle quali si parla di scienza con gli amici, però, sono mosse da motivi di lavoro: informatici, medici, ricercatori, ingegneri, statistici dichiarano con tranquillità di trovarsi a proprio agio con le conversazioni scientifiche tra amici.

Sì, con i miei amici parlo di statistica, modelli matematici e bioingegneria.

Infine, c'è un gruppetto che non parla solitamente di scienza con gli amici, a meno che il tema non sia dettato dall'attualità, dalla rilevanza dell'argomento, dalla pressione della televisione:

Poche volte a eccezione di notizie davvero importanti o annunciate al telegiornale,

o, meglio ancora, dall'interesse e dalla suggestione di un ben determinato argomento scientifico:

No, quasi mai, eccetto quando si parla delle stelle.

In conclusione, dalle parole degli studenti e dei loro parenti, emerge una scienza con qualche sfumatura troppo rosea, ma tutto sommato fedele a quello che è realmente: in casa si parla di scienza e la si guarda come una delle grandi opportunità di questi tempi. La scienza è protagonista nel bene e nel male. Più nel bene che nel male, nel complesso. La sua dimensione conoscitiva è la veste che più persone le attribuiscono e grazie a questa in molti la vedono come un'opportunità per i propri ragazzi. Pur in presenza di alcuni pregiudizi – ci sono persone portate per la scienza e i piccoli non la capiscono – non abbiamo ritrovato quello di genere. Maschi e femmine sembrano ugualmente interessabili e ugualmente dotati agli occhi dei loro genitori.

La scienza in cattedra: aspettative e paure

di Vincenza Pellegrino

La storia di Marco: parlare di scienza nella scuola di oggi

Marco è un bambino curioso, sensibile, poco propenso all'ascolto. Un bimbo come molti altri, figlio di genitori affettuosi, sollecitati da mille impegni e che sollecitano altrettanto intensamente il proprio figlio. Oggi per Marco è il primo giorno di scuola; tra le altre cose, la prima volta con la sua maestra di matematica e scienze. *Maestramarta* ha una lunghissima esperienza di insegnamento, ha un diploma magistrale e sta prendendo la laurea in scienze dell'educazione. Crede che i bambini siano *l'ultima speranza per il futuro*: pensa a cittadini più consapevoli, a un'aria più pulita, a una vita più vivibile. Nei cinque anni che seguono, *Maestramarta* cerca di trasmettere la sua dedizione alla scienza mostrandone i risvolti etici:

> Nelle ore di scienze insegno soprattutto educazione ambientale in rapporto alla vita di tutti i giorni: è la scienza che ci metterà al riparo dai danni dell'inquinamento, dalle malattie...

ma sempre in modo ludico:

> Gioco molto perché i bambini hanno bisogno di divertirsi e io ho bisogno di attirare la loro attenzione.

Marco e i suoi compagni apprezzano, sommergono la maestra di domande e di riflessioni esilaranti:

Maestramarta, se l'elettrone c'è ma non si vede, perché quando passa non proviamo a fermarlo con una grande gomma da masticare?!

Quando Marco entra nella scuola media incontra *Laprofdiscienze*, che è laureata in biologia ed è convinta che il compito più importante sia quello di praticare l'osservazione:

Le cose in realtà non sono come sembrano, dico sempre ai miei ragazzi, e il metodo scientifico ti aiuta a capirlo.

Quando *Laprofdiscienze* prova a introdurre i ragazzi al linguaggio scientifico, però, subito si sente riprendere:

– Ipotesi, valutazione... ma è noioso prof!! Perché non facciamo un laboratorio con internet...
– No ragazzi, a voi piace navigare, ma io voglio ancorarvi da qualche parte...

Quando passa al liceo, Marco incontra *IlnuovoProf*:

Finalmente un uomo... ci sono anche uomini – eh – che insegnano, pochi ma ci sono...

Laureato in fisica, per qualche tempo borsista all'università, oggi ancora collaboratore volontario del suo vecchio Prof. di tesi, la scienza alla quale lui pensa è quella dell'indagine minuta, delle piccole scoperte, del *passo dopo passo*. La scienza del ricercatore, delle formule matematiche

che sono complicate e ostiche agli occhi dei ragazzi, ma in realtà sono molto divertenti...

più che delle scoperte rivoluzionarie, dell'antibiotico o del DNA alle quali Marco è stato abituato sino a ora:

È ora che i ragazzi crescano, che capiscano che ci sono molte cose che non sanno, e che la vita è anche noia... Non possiamo sempre trattarli da bambini!

Questo modo di insegnare la scienza è diverso da quello che Marco ha conosciuto in precedenza: a sentire *IlnuovoProf*, se la scienza è un certosino e silenzioso percorso di sfida finalizzato a una nuova conoscenza, che va ben al di là delle sue applicazioni più popolari, i ragazzi devono esercitare la pazienza e la capacità di astrazione, senza pensare necessariamente ai risultati e ai risvolti pratici.

Quando Marco compie 18 anni, pensa al suo futuro lavorativo. Vede la scienza come un *percorso glorioso* per persone infinitamente intelligenti o infinitamente pazienti, e siccome alla gloria lui ci tiene (!), ma non si ritiene né un genio né un'ape operaia, alla fine si iscrive a un corso di laurea sullo spettacolo:

Mi piacerebbe fare della televisione, poi vedremo...

Vi sono casi in cui una storia esemplare può aiutarci a comprendere meglio storie vere: è il caso della storia di Marco, che introduce le tante questioni emerse dalle interviste realizzate con gli insegnanti delle scuole elementare, media e superiore. Formazione personale, visione del mondo e della scienza nel mondo, attitudini e problemi delle nuove generazioni: questi e altri aspetti vengono affrontati nei discorsi degli insegnanti e mostrano la complessa interazione tra i numerosi fattori che orientano la circolazione della conoscenza scientifica nella scuola e, più in generale, nella società.

Per comprendere come la scienza venga comunicata alle nuove generazioni nei diversi contesti, la scuola è senza dubbio uno dei luoghi privilegiati di osservazione. In ciascuna società e in ciascuna epoca, il sistema educativo istituzionale è direttamente correlato allo sviluppo della scienza poiché le rappresentazioni e le informazioni che esso veicola sono determinanti nell'orientamento delle nuove generazioni, a partire dalla scelta di intraprendere o meno una carriera scientifica. Gli insegnanti poi svolgono un ruolo istituzionale nei confronti dell'acculturazione scientifica all'interno di contenitori predefiniti – materie di insegnamento e strumenti didattici – così ampi da venire di fatto riempiti di significati diversi e tradotti in pratiche didattiche molto differenti. Per questo, ci siamo interessati delle *mappe* – le rappresentazioni della società, della scienza e del proprio ruolo in relazione a quello di altri attori sociali – che orientano gli insegnanti sulla scena

Le interviste agli insegnanti

Sono stati intervistati 50 insegnanti, scelti in maniera ragionata, a partire dalle indicazioni fornite da alcuni di essi, già impegnati in progetti di animazione scientifica: 9 insegnanti delle scuole elementari, 13 delle scuole medie, 28 delle superiori – abbiamo deciso di intervistare un numero maggiore di insegnanti delle scuole superiori per differenziare due sottoinsiemi, gli insegnanti dei licei e quelli delle scuole tecnico-professionali –; 10 uomini, 40 donne – il divario numerico tra generi in realtà rispecchia quello esistente nel mondo dell'insegnamento che abbiamo preso in considerazione. Si tratta in tutti i casi di insegnanti con un'esperienza di oltre dieci anni di insegnamento.

Dopo le prime interviste pilota, maggiormente destrutturate, siamo giunti a una semi-strutturazione della conversazione, funzionale alla validazione di alcune ipotesi sulla prevalenza di alcuni concetti e sulla associazione tra essi:
– La formazione dell'intervistato e i suoi riferimenti culturali;
– La sua definizione della scienza;
– La sua visione del mondo dei ragazzi;
– L'insegnamento delle scienze, gli obiettivi e le difficoltà
Le interviste sono state realizzate nel maggio 2004; ciascuna, durata in media 45 minuti, è stata registrata e sbobinata: i testi archiviati hanno costituito un materiale di notevole entità. Proprio a causa dell'estensione, si è ritenuto opportuno utilizzare il software NUD*IST (Non-numerical Unstructured Data Indexing, Searching and Theory-building), il quale permette l'analisi di un testo, la catalogazione di parole, frasi e concetti tramite l'assegnazione di specifici codici. In tal modo, il ricercatore può conteggiare gli elementi ripetuti (ricorrenze), e può verificare la presenza di legami tra i diversi codici o elementi del testo (co-occorrenze) attraverso operatori booleani (and, or, not) e tramite altre opzioni di ricerca più complesse, sino alla costruzione di nuove categorie concettuali (da noi chiamate *orientamenti*).

educativa e li portano a viverla in un determinato modo: *cosa* pensano di insegnare ai ragazzi? Cos'è la scienza per loro? *Perché* la insegnano? Qual è il loro obiettivo? *A chi* la stanno insegnando? *Come* lo stanno facendo? Quali modalità didattiche privilegiano e quali risposte ottengono? Certo, il nocciolo della questione è cogliere la relazione tra il cosa, il come e il perché, cogliere cioè le possibili interazioni tra l'immaginario scientifico degli insegnanti e il loro modo di insegnare le scienze.

Quando dichiarano i propri obiettivi nell'insegnamento, infatti, gli intervistati parlano a lungo della relazione tra conoscenza e rischio, tra scienza e conseguenze sociali della stessa, del bisogno di formare i ragazzi a una maggiore consapevolezza civica: proporre ai giovani la conoscenza scientifica vuol dire sostanzialmente trattare con loro queste questioni. Infine, i singoli contenuti – le informazioni e le nozioni da trasmettere ai ragazzi – sembrano prescelti, organizzati e comunicati veicolando – e per veicolare – una particolare visione del mondo e del suo ordine sociale. Per questo, i discorsi degli insegnanti sulla scienza e sull'insegnamento sono continuamente attraversati dalle loro riflessioni sui rapporti tra scienza e società, e diventano l'oggetto centrale del discorso.

L'analisi delle interviste si è svolta in tre passaggi: *la ricerca degli elementi del discorso* ha messo in evidenza elementi discorsivi ricorrenti, vale a dire questioni affrontate ripetutamente dai diversi intervistati nel momento in cui essi dovevano organizzare il proprio discorso sull'insegnamento.

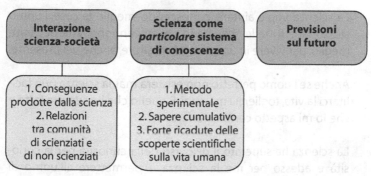

Le ricorrenze riscontrate si organizzano in questo albero tematico

Successivamente, l'analisi concettuale degli elementi del discorso è servita per analizzare il contenuto dei segmenti del discorso, individuando un numero limitato di argomentazioni prevalenti. Infine, sono stati identificati *tre orientamenti* nei confronti della scienza:

1. la scienza è ricerca di salvezza;
2. la scienza era una gran cosa, ma poi purtroppo…;
3. la scienza è il frutto del praticar ricerca.

La scienza nelle parole di chi la insegna: verità, salvezza, rischio

Nella fase iniziale di ciascuna intervista veniva suggerito agli insegnanti di descrivere la scienza attraverso un'immagine metaforica. Molti di essi hanno raccolto l'invito e molte delle metafore prodotte sono riconducibili ai significati che caratterizzano i tre diversi orientamenti:

La scienza è l'uovo cosmico della creazione del pensiero

Il primo orientamento, *la scienza è ricerca di salvezza*, si identifica col binomio *conoscenza e benessere*.

> Scienza è l'insieme di conoscenze acquisite dall'uomo volte a migliorare la propria vita e quella degli altri. Per me questo è scienza, non altro.

> La scienza vuole aiutare, conoscendo meglio le cose, l'uomo stesso, cioè tutte le ricerche io penso vengono fatte per stare meglio, per vivere in una società migliore, anche nel presente.

> Anche se l'uomo perfetto non esisterà mai, la scienza può facilitarci la vita, toglierci i malanni. È quello che ha sempre fatto e che io mi aspetto continui a fare.

> La scienza ha superato il discorso della curiosità per la curiosità e adesso per me la scienza è permettere all'uomo di migliorarsi.

Io cito sempre Galileo per fare capire ai ragazzi: noi usiamo la scienza e i numeri per leggere l'universo e capire chi siamo e cosa facciamo e per costruirci un mondo migliore.

La scienza è una forma di osservazione che vuole andare contro alle apparenze.

I discorsi sulla scienza formulati dagli insegnanti sono fortemente incentrati sulla relazione di questa con la società: in quasi tutte le conversazioni emergono considerazioni circa il destino dell'uomo, la sua salvezza, il pericolo dell'autodistruzione e così via. In queste interviste, la scienza viene presentata come *un'impresa sociale*, vale a dire come un'impresa fortemente orientata da obiettivi di promozione dell'uomo. Il percorso di conoscenza scientifica viene vincolato alla necessità di avere risposte efficaci a problemi che ci affliggono, prima tra tutti la malattia, e la morte: la capacità di produrre tali risposte sarebbe un elemento che caratterizza la scienza rispetto ad altre forme di conoscenza. Tale visione si sposa con un orientamento *antineutralista*, vale a dire l'assunzione di una stretta connessione tra il tipo di produzione scientifica, da un lato, e gli interessi della società nella quale ciò avviene, dall'altro. Coloro che si occupano di scienza agirebbero animati dal desiderio di fornire risposte a domande di *benessere*, inteso sia nei termini di *salute* che in quelli di *progresso* (parole spesso citate dagli intervistati). La maggior parte degli intervistati ha citato le scoperte mediche – antibiotici, vaccini, terapie geniche ecc. – come le più significative conquiste nella storia della scienza. Gli scienziati quindi coglierebbero i bisogni esistenti e cercherebbero la risposta: la direzione prevalente dello scambio andrebbe quindi dall'interno della comunità scientifica verso l'esterno.

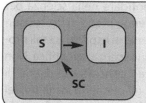

Scienziati: produzione di conoscenza in risposta ai bisogni di salute e sviluppo
Insegnanti: memoria storica del progresso scientifico, promozione del pensiero razionalista
Società civile: istanze di salvezza e fiducia

Nel primo orientamento la scienza è ricerca di salvezza

Lo scienziato viene descritto come benefattore in un duplice senso: capace di *dare risposte ai problemi* e di *fare opposizione alla forze conservatrici* che su tali problemi non sono disposte ad agire.

In questi discorsi sulla scienza, numericamente prevalenti rispetto a quelli degli altri due orientamenti, lo stesso metodo scientifico viene presentato facendo allusione al concetto di *controdeduzione*: ciò che caratterizza il metodo è la *salvaguardia di quanto non appare evidente*; l'avvicinamento alla verità è uno svelamento che promuove il mondo innanzi tutto producendo *progresso culturale*.

Infine, emerge un ruolo per così dire *terapeutico* della scienza, che appare come ultimo dominio della certezza e della verità in un contesto dove, parallelamente, i cambiamenti continui provocano incertezza (e per questo abbiamo fatto allusione al concetto di *salvezza*):

> Probabilmente quello che mi dà la scienza è la certezza e la possibilità di verificare le cose, questo a me piace della scienza: il fatto che quello che non è spiegabile oggi lo sarà domani e che quindi tutto rientrerà sotto controllo, sostanzialmente è questo.

Questi discorsi caratterizzano gran parte delle interviste agli insegnanti delle scuole elementari e medie, che parallelamente mostrano una particolare predilezione per l'educazione ambientale, l'educazione sanitaria e l'alimentazione consapevole, indicando l'educazione scientifica come ambito privilegiato del pensiero critico nei confronti dei consumi e di altri costumi diffusi nelle società contemporanee. È interessante il fatto che le problematiche alle quali ritengono che la scienza debba dar risposta sono in parte riconducibili alla stessa produzione tecno-scientifica: per esempio, gli intervistati affermano di confidare nella scienza per risolvere l'effetto serra, l'inquinamento, il venir meno di risorse non rinnovabili, senza però effettuare collegamenti espliciti tra tali problematiche e il cammino stesso della conoscenza scientifica. Non vengono mai messi in relazione esplicita i concetti di *salute* e di *progresso*, venendo citati ripetutamente gli elementi *insalubri* del *progresso tecno-scientifico*, al contrario di quanto avverrà per le argomentazioni caratteristiche del secondo orientamento.

La scienza adesso è la Torre di Babele

La scienza era una gran cosa, ma poi purtroppo...

Il secondo orientamento si identifica col binomio *conoscenza* e *rischio*.

La scienza è una conoscenza che mi ha deluso... mi aspettavo che con tutto questo ammasso di tecnologia cambiasse qualcosa nel mondo povero, che potesse influire. Invece, non sempre scienza ed etica vanno d'accordo, oggi è più facile scienza e denaro.

La scienza è qualcosa che si oppone alla fede, una predisposizione umile verso le cose, una ricerca della verità qualunque sia, che però doveva essere più al servizio della conservazione della natura e non al servizio degli interessi dei potenti, cosa che adesso purtroppo è più diffusa.

Numerose argomentazioni che hanno un *incipit* simile a quelle del primo orientamento, si concludono tuttavia con valutazioni negative sulle conseguenze indotte dalla produzione scientifica nella società. Questa espressione di *delusione* assume forme diverse.

Da un lato vi è il tradimento rispetto al *mandato originale*: la scienza era e dovrebbe essere... libera, disinteressata, orientata al benessere, ma in realtà è... dipendente dall'economia, interessata, orientata dal mercato e dalle istituzioni politiche. Dall'altro il discorso sulle *conseguenze negative*: la produzione scientifica ha contribuito alla nascita di problemi divenuti *ingestibili*, come nel caso dell'inquinamento o dell'impiego smodato di energia e di risorse naturali.

Lo scambio tra scienza e società pare così cambiare radicalmente: la produzione di conoscenza non è più orientata dalla necessità di rispondere ai problemi dell'umanità, ma principalmente agli interessi di coloro che finanziano questa produzione. In molte interviste emerge lo smarrimento rispetto a un'evoluzione delle cose *inaspettata* e *negativa*, come se il corso della storia – in questo caso, la storia della scienza – stesse prendendo una piega *contraria alle promesse iniziali*, nel segno appunto del tradimento.

Il solito Albert e la piccola Dolly

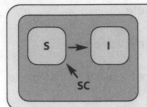

Scienziati: produzione di conoscenza orientata da interessi particolari

Insegnanti: memoria storica del percorso scientifico, crisi della fiducia

Società Civile: pressioni del mercato

Nel secondo orientamento la scienza era una gran cosa, ma poi purtroppo...

Tuttavia, secondo molti intervistati, le pressioni da parte dei detentori di interesse sulle attività di conoscenza – per esempio, le pressioni delle imprese sulla ricerca medico-scientifica – sono un aspetto del cambiamento e non la causa unica del cambiamento, o meglio ancora sono la conseguenza di una mancanza di rotta e non la causa di un cambiamento di rotta:

> Se parliamo di scienza bisogna dire innanzitutto che ha perso il controllo.

Insomma, a ben vedere, neanche i *cattivi* sono in *cabina di regia*, e tutti siamo *spettatori*. Questi discorsi evocano le riflessioni di numerosi autori sulla contemporaneità, che si caratterizza proprio per tale nesso tra *rischio* e *non governo*.

Infine, in un discorso sulla scienza ancora fortemente caratterizzato dalla speranza salvifica, emerge la disillusione, la difficoltà di credere nel lieto fine che tanto denota la contemporaneità e che minaccia oggi la fiducia nelle forme e nelle espressioni più resistenti della razionalità di cui la scienza è esempio.

La scienza è un grande edificio con tanti corridoi, porte e finestre

Il terzo orientamento, *la scienza è il frutto del praticar ricerca*, si identifica col binomio *conoscenza e verità*.

> La scienza è l'ambiente di ricerca, c'è sempre quella tensione verso la scoperta, verso la conoscenza al di là di ogni interesse immediato, personale o materiale.

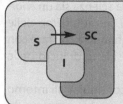

Scienziati: produzione di conoscenza guidata dall'interno
Insegnanti: trasmissione di conoscenze (alcune volte, dopo aver avuto esperienza di ricerca)
Società civile: esclusione della società dalle attività di ricerca che sono indipendenti dalle pressioni sociali

Nel terzo orientamento la scienza è il frutto del praticar ricerca

La scienza è sicuramente soddisfare la curiosità, è piacere, è amore di conoscenza, per questo io parlo sempre di sperimentazione, non di scienza.

Alcuni intervistati, nel momento in cui sono chiamati a definire la scienza, non parlano delle implicazioni sociali, ma esclusivamente della *pratica di un metodo*, e ancora prima della risposta a una *necessità di conoscenza*, vale a dire di una pratica intellettuale di confronto con il mondo naturale, *come se* tale pratica fosse avulsa dal contesto. L'attività scientifica, quindi, sarebbe orientata essenzialmente dalle regole stabilite al proprio interno: la produzione di conoscenza sarebbe un percorso guidato dai passaggi logici presupposti dallo stesso metodo. Questa posizione, minoritaria rispetto alle due precedenti (che caratterizza circa un quarto delle interviste), pone l'accento sul *piacere della scoperta* e riguarda quasi esclusivamente gli insegnanti delle scuole superiori.

Maestre e professoresse, ricercatori e scienziati

La formazione dell'insegnante pare giocare in questo caso un ruolo importante: mentre le insegnanti delle scuole elementari sono tutte diplomate o laureate nell'ambito delle scienze dell'educazione, tra gli insegnanti delle medie prevalgono coloro che sono laureati in discipline scientifiche, in particolare nelle scienze della vita, e alle superiori prevale la laurea in fisica o matematica. Inoltre, più di un terzo degli insegnanti delle scuole superiori ha frequentato il mondo della ricerca prima di darsi all'insegnamento. Proprio tra di essi vi è la convinzione che la scienza sia un *enorme edificio con tante stanze piccole e grandi*, in moltissime delle quali ci si dedica a ricerche che poco o nulla hanno a che fare con la lotta ai malanni dell'umanità o con il desiderio di lucro delle imprese di mercato.

Vi sono tuttavia evidenti elementi di continuità all'interno dei diversi orientamenti: in tutte le interviste, per esempio, lo scienziato viene distinto dal ricercatore. Alla domanda *Conosce uno scienziato?* la quasi totalità degli intervistati risponde di no (tutti tranne due); tuttavia molti di loro aggiungono: *però conosco dei ricercatori.* Insomma, come dice un insegnante, *gli scienziati sono degli extraterrestri,* persone con la capacità di distinguersi dalla norma imperante. La caratteristica del vero scienziato è quella di *ribellarsi alle cose come stanno,* di mettersi in *contrapposizione ai poteri forti* che difendono lo *status quo.* Il ricercatore, invece, è colui che pratica attività di ricerca scientifica – si tratta quindi di una professione –, avanzando *pezzetto per pezzetto,* inserendo un tassello nel puzzle, non necessariamente per comprenderlo.

Se nei primi due orientamenti sulla scienza prevale l'enfasi sulla grandezza della scoperta e sulle conseguenze prodotte con evidente *nostalgia degli scienziati,* nel caso del terzo orientamento, lo *scienziato* si distingue dal *ricercatore* per la sua capacità di visione complessiva dell'edificio-scienza: lo scienziato è colui che ha finalmente compreso – si tratta della *conclusione* di un percorso – *come funziona il mondo della produzione scientifica ed è perciò capace di attingere al lavoro di ricerca altrui.*

Così, nonostante le diversità riscontrate nei discorsi degli insegnanti di scuole elementari e medie da un lato e superiori dall'altro, vi è una sorprendente sintonia sul nome dei più grandi scienziati della storia, solo in 7 interviste su 50 non è citato almeno uno dei quattro nomi più ricorrenti: Einstein, Galileo, Newton e Darwin.

Infine, i risultati esposti paiono molto interessanti se inseriti nel più ampio dibattito sulla scienza e sui cambiamenti da essa vissuti in relazione ad altri settori della società.

Le interviste agli insegnanti mostrano la circolazione di due nuovi elementi *dominanti* nei discorsi sulla scienza, per molto tempo relegati nell'ambito di minoranze ed élite intellettuali.

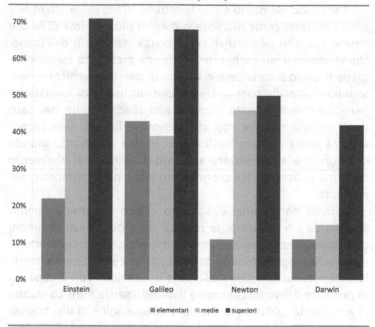

Einstein, Galileo, Newton e Darwin sembrano quasi quattro superuomini

Il primo dei due è che la produzione scientifica non è indipendente, ma al contrario fortemente interrelata a quella di altri settori della società apparentemente distanti dal mondo della ricerca. Da molti decenni ormai, numerosi intellettuali hanno confutato l'idea che la comunità scientifica operi in maniera indipendente, perseguendo istanze di conoscenza che discendono *naturalmente* dai processi sperimentali. Questi studiosi hanno affermato che non si può comprendere il cammino della scienza senza pensare al modo in cui la società orienta i suoi obiettivi, l'allocazione dei mezzi necessari, le priorità, l'organizzazione del lavoro e, fondamentale, la *forma mentis* dello scienziato. La scienza appare così come il frutto di conflitti interni alla comunità degli scienziati – dove pesano molto le questioni di potere, di *status*, di mobilità professionale – e dei conflitti tra questa e altri gruppi sociali, tra cui in particolare quelli della politica e dell'impresa.

Il secondo elemento è che le attività di indagine scientifica sono percepite come rischiose, o meglio più rischiose di quelle legate agli altri percorsi di conoscenza perseguiti dall'uomo. Questi discorsi sul rischio della scienza prendono fortemente piede quando si considerano gruppi di persone particolarmente interessate alla scienza stessa, con un livello di formazione particolarmente elevato rispetto alla media, come nel caso degli insegnanti: pare così che l'enorme fiducia nella tecnoscienza possa davvero trasformarsi in una altrettanto grande *delusione* (nella convinzione appunto di assistere al *tradimento* delle magnifiche sorti e progressive) e in una altrettanto grande *paura*.

Eppure, nonostante lo sguardo critico e l'atteggiamento ansioso da *fine dei tempi*, la scienza resta per questi testimoni una forma di conoscenza *superiore alle altre*, capace di produrre *verità* sulle leggi del mondo naturale: la crescente dipendenza da istanze esterne non pare mai messa in relazione con la capacità di produrre il vero (di conoscere il mondo senza filtri). Lo *statuto di verità* resta saldamente ancorato all'immagine di una scienza percepita come *bene in vendita* e contribuisce così ad alimentare paura e preoccupazione:

Anche le cose più importanti si possono mettere al servizio del mercato.

Infine, gli insegnanti si occupano di conoscenza scientifica senza poterla disgiungere dalla loro visione del mondo: la loro stessa definizione di scienza comprende i motivi per cui è bene – o male – occuparsene, soprattutto sotto forma di giudizio sulla coerenza tra obiettivi e conseguenze prodotte. Questo modo di pensare la scienza, che rende impossibile parlarne se non pure in termini politici – in termini di destino dell'uomo –, chiaramente ha un'influenza sull'acculturazione scientifica, e più in generale sul modo in cui il ragazzo avvicinerà la scienza. Per questo, comprendere lo scenario all'interno del quale gli insegnanti collocano la loro visione della scienza aiuta a comprendere come è concretamente praticato l'insegnamento scientifico, quali argomenti vengono privilegiati, quali modalità didattiche si utilizzano.

Gli strumenti scientifici per essere cittadini

Nelle scuole elementari, lo scopo dichiarato con maggiore insistenza dagli insegnanti è quello di fornire strumenti per la conoscenza di sé e del mondo circostante: l'approccio scientifico può aiutare a formulare un giudizio critico sulla realtà, insegnando che

> al di là dell'apparenza, il mondo procede seguendo processi complessi e diversi da quanto potrebbe sembrare.

In tal senso, gli insegnanti si dicono poco interessati alla semplice acculturazione scientifica, intesa come trasmissione di conoscenze in nostro possesso: sono piuttosto orientati alla sperimentazione – far esperienza del metodo scientifico – e agli aspetti del quotidiano – vogliono fornire gli strumenti per una *partecipazione più attiva alla realtà circostante*. Gli ambiti tematici preferiti, più spesso citati, sono:
- l'educazione ambientale: stravolgimenti climatici, lotta all'inquinamento, salvaguardia della biodiversità, utilizzo consapevole dell'energia, stoccaggio dei rifiuti ecc.;
- il corpo umano: tutela della salute e, molto citata, educazione alimentare.

Sono argomentazioni tipiche del dibattito sulla *cittadinanza scientifica* e sulla *governance*, vale a dire sulla capacità degli individui e delle comunità di comprendere e di governare il destino del mondo. In seconda battuta viene segnalata l'astronomia, citata come occasione di riflessione sulla relazione tra uomo e cosmo. Parallelamente, i bambini delle scuole elementari sono chiamati a vivere in maniera ludica e partecipata la lezione, spesso raccontata come la *messa in scena di uno spettacolo* (e anche da qui deriva, lo vedremo, la *grande fatica* dell'insegnante).

Passando alle interviste degli insegnanti delle scuole medie, notiamo un pur lieve cambiamento: all'attenzione per la dimensione sperimentale si coniuga il desiderio di *trasmettere il linguaggio scientifico*, seppure con *l'assillo costante di non annoiare*: il linguaggio matematico, per esempio, è spesso citato come fonte di problemi. L'attenzione per le scienze della vita prevale ancora, tuttavia calano i riferimenti della dimensione ludica e il continuo richiamo all'esperienza personale.

Nelle scuole superiori, l'accento viene messo sulla capacità di astrazione: i ragazzi devono essere fatti partecipi delle conoscenze scientifiche, insegnate solitamente con modalità più classiche di trasmissione verticale, poiché

> si incomincia a pensare al bagaglio necessario per proseguire nel mondo del lavoro e dell'università, e perché i ragazzi devono maturare la capacità di concentrarsi anche se non amano la proposta,

con il conseguente spostamento dalla partecipazione giocosa al silenzio in aula. Infine, è un percorso che porta dall'insegnamento nelle scuole elementari – pulsione all'applicazione, animazione e partecipazione, scarso utilizzo di linguaggi specifici e poco lavoro sull'astrazione – sino a quello nelle superiori – esercizio logico, sollecitazione delle capacità di astrazione concettuale, de-esautorazione dalla partecipazione.

Queste differenze si riflettono anche sulla diversa identificazione degli argomenti più importanti e significativi da trattare con gli alunni. Interrogati sulle questioni privilegiate nel loro insegnamento, gli insegnanti rispondono in maniera differenziata: educazione ambientale, biodiversità e vita animale, medicina e corpo umano sono le preferenze dichiarate dagli insegnanti delle elementari, mentre lo spazio dedicato alla fisica, a partire dall'astrofisica nelle medie, e alla matematica aumenta nel seguito del percorso scolastico.

Sebbene in numerose interviste sia citato l'interesse per la storia della scienza, di fatto solo in qualche caso l'insegnante dice di insegnarla effettivamente.

Dai discorsi sull'insegnamento emerge spesso la dimensione della fatica, compaiono parole come *stanchezza, peso, carico*: insegnare è diventato molto pesante! Da un lato, gli insegnanti raccontano che il mondo della scuola ha subito negli ultimi anni cambiamenti notevoli: vi sono i ricongiungimenti familiari e la presenza di bimbi stranieri, così come nuove forme di disagio socio-economico; dal lato opposto, vi è un numero crescente di bimbi che fanno esperienze di viaggio insieme ai genitori, dispongono di ingenti mezzi tecnologici – internet, tv satellitari, telefoni cellulari – e hanno una maturazione molto precoce dal punto di vista cognitivo. Vi è perciò la forte difficoltà di adottare un linguaggio adatto per tutti, ma anche differenziare i percorsi in modo da aiutare i singoli alunni nel processo di valorizzazione dei diversi potenziali individuali. È un problema importante: nei primi anni della scolarizzazione non si trovano spazi e modalità per colmare la distanza tra le potenzialità degli alunni, e anzi la si nega per tutelare il carattere universalistico della proposta formativa; negli anni dell'adolescenza, si rifugge il problema delle diverse abilità, acuitosi ulteriormente, favorendo la separazione dei ragazzi nei diversi indirizzi (licei, istituti tecnico-professionali ecc.) in base al ceto familiare e alle capacità, e la *forte ghettizzazione*.

Un altro aspetto di notevole interesse è il fatto che gli insegnanti segnalano di avere la *costante impressione che i ragazzi si stiano annoiando*. Mentre qualche decennio fa ciò appariva comprensibile a causa della mancanza di modalità didattiche interattive, oggi non è così semplice comprenderne il motivo: per quanto gli insegnanti si sforzino di essere divertenti e coinvolgenti, la capacità degli alunni di concentrarsi è a loro avviso relativamente scarsa. Le cause indicate sono interessanti: soprattutto le ore passate davanti alla televisione e la scarsa integrazione tra le proposte educative della scuola e quella della famiglia – i ragazzi sarebbero sottoposti a *stili e sollecitazioni di segno opposto*. Tuttavia, se i ragazzi hanno scarsa resistenza alla noia, gli insegnanti hanno scarsa resistenza alla sensazione di annoiare, che è *proprio insopportabile*, dice uno degli intervistati, e tutti in qualche modo paiono accomunati dalla scarsa resistenza alla frustrazione determinata dal ruolo.

Infine, un'ultima questione di particolare interesse: alla specifica domanda sulle differenze tra maschi e femmine, la maggior parte degli insegnanti si dichiara convinto che ne esistano. In molti casi, si tratta di un distinguo tra le capacità di concentrazione, riflessione, approfondimento, maggiori tra le femmine, rispetto alle capacità di partecipazione, sperimentazione, osservazione critica, maggiori tra i maschi. Se ciò ha sicuramente a che vedere con il senso comune, vale a dire con i modi in cui viene detta e pensata comunemente la differenza tra i generi, è da sottolineare tuttavia che alcuni insegnanti insistono sulla derivazione empirica delle loro convinzioni: il tipo di giochi e interessi prevalenti tra i maschi – viene spesso citata la tecnologia informatica – paiono favorire e al tempo stesso derivare da una *curiosità vorace*, dal desiderio di allargare costantemente il proprio universo di riferimento; la capacità di *inclusione della complessità*, vale a dire il desiderio di comprendere meglio il proprio universo, viene associata agli interessi predominanti tra le ragazze – anatomia, etologia e così via – e al loro modo di relazionarsi agli adulti: maggiore livello di reciprocità, di applicazione al compito, di adesione alle regole del gioco.

Dalle interviste agli insegnanti emerge che la scuola resta, nella visione di chi vi opera, la principale agenzia formativa in materia di scienza. Non è tanto intesa come luogo dove si apprende un maggior numero di informazioni – viene spesso citato il crescente peso di internet e della televisione –, ma come unico luogo in cui la scienza viene presentata come impresa umana, come insieme di passi di un lungo percorso cumulativo di conoscenza. In tal senso, l'insegnamento delle scienze è una sorta di *iniziazione*, vale a dire di introduzione a un destino collettivo.

A conferma di ciò, una vasta parte di discorsi sull'insegnamento è incentrata sulla peculiarità del metodo sperimentale: gli insegnanti non insistono tanto sulle possibilità del metodo di produrre il vero, di *cogliere la vera natura del mondo* – sebbene questo aspetto sia presente, desumibile dalle molte dichiarazioni sul *bisogno di verità e di certezza* – quanto sulla necessità di impiegare maggiori risorse per *guardarsi intorno*, per *voltarsi da un'altra parte*, per *correggere la superficialità dilagante*, la scarsa propensione all'approfondimento e all'astrazione, per combattere insomma l'adesione acritica al pensiero dominante che gli insegnanti segnalano come *il grande problema delle giovani generazioni*. La scienza sarebbe pedagogicamente strategica poiché obbliga a passaggi mentali desueti – astrazione, capacità di fare collegamenti, ricerca di forme universali del linguaggio. Insomma, la scienza sarebbe *capace di insegnarci grandi cose* necessarie per *raddrizzare il mondo* (che, guarda un po', *va male anche a causa della scienza…*).

Come è evidente, i discorsi degli insegnanti si nutrono di tensioni interne e di polarizzazioni: scienza come progresso e scienza come declino; scienza per amor di potere e scienza per amor di conoscenza; scienziato come *libero pensatore*, ricercatore come *operaio dipendente*. Queste visioni spesso convivono all'interno di una stessa intervista, non si tratta di *aut aut* ma di *et et*: nel discorso degli insegnanti è diffuso un atteggiamento di ottimismo – chi fa ricerca lo fa animato dal desiderio di fare del bene – insieme a una visione allarmata – chi fa scienza oggi è parte del sistema-mercato che ne orienta le scelte – e, ciò che più interessa, questi sentimenti trovano una sintesi nell'idea della *mancanza di guida*, di una scienza dalle *anime parallele*, dalle identità frammentarie.

Infine, i discorsi degli insegnanti mostrano con chiarezza ciò che la storia esemplare di Marco aveva evocato. L'insegnamento prende forma dall'interazione tra informazioni scientifiche e rappresentazioni circa il futuro, dai significati attribuiti alla conoscenza e dagli scopi proiettati sul fare scienza, infine, dalle opinioni personali sulle conseguenze rispetto alla felicità dell'uomo: tutti questi elementi orientano concretamente la selezione delle informazioni e degli strumenti utilizzati per accendere l'interesse dei giovani sulla scienza.

Il museo, i giovani e la scienza

di Paola Rodari

Nuovi spazi per una nuova comunicazione della scienza

Fin dal Cinquecento, a cominciare dai primi orti botanici e dalle prime collezioni naturalistiche, i musei della scienza si sono proposti come attori importanti nel teatro della comunicazione della scienza.

Da allora hanno rappresentato un luogo di creazione e sperimentazione di nuovi stili e nuovi strumenti di comunicazione: ricostruzioni, modelli e ambientazioni scenografiche prima, apparati interattivi meccanici ed elettronici poi, e da qualche decennio anche ipertesti e videoinstallazioni, realtà virtuale e spazi immersivi. La comunicazione museale non passa però solo attraverso la progettazione di allestimenti e l'uso (o l'invenzione) di nuove tecnologie: i musei della scienza sono stati e sono luoghi di grande scambio sociale, dove si incontrano il pubblico, gli scienziati, ma anche professionisti e uomini di *altre* culture. In questo senso sono state via via elaborate nuove forme di interazione e dialogo. Oggi, all'interno dei musei vengono organizzati laboratori didattici, dimostrazioni, lezioni del vivo, conferenze, corsi, giochi, una gamma vastissima di iniziative dedicate a pubblici diversi per età, *background* e interessi. E il pubblico dei bambini e dei giovani riceve un'attenzione particolare.

Di fronte alla crisi delle carriere scientifiche e ai molti segnali di difficoltà nel dialogo tra scienza e società, i musei scientifici, soprattutto quelli di più moderna concezione, rappresentano un laboratorio di ricerca didattica, con cui il mondo della scuola può collaborare o da cui si può anche solo trarre idee preziose e innovative. Al tempo stesso sono uno dei principali luoghi di incontro tra la scienza e gli adulti non-esperti. Grazie al fatto di rappresentare anche un richiamo turistico – si pensi alla *Cité des Sciences et de l'Industrie La Villette* di Parigi, o al *Science Museum* di Londra, ma anche a realtà più piccole, in misura proporzionale al territorio di riferimento –, il loro impatto, anche, in termini quantitativi, sull'insieme dei cittadini europei, inizia a essere decisamente significativo.

I musei scientifici possono contribuire a influenzare le opinioni del pubblico, possono informare e far discutere le centinaia di migliaia di visitatori che ogni anno visitano, nell'Unione europea, un museo della scienza, un'esposizione temporanea, o partecipano a eventi organizzati in queste sedi. Da qualche anno inoltre si assiste, accanto alla nascita, in tutto il mondo, di nuovi musei interattivi, al moltiplicarsi di festival dedicati alla scienza, iniziative strettamente legate ai linguaggi e agli spazi comunicativi elaborati nel mondo del musei scientifici.

Quando si parla di *museo*, infatti, si fa riferimento a un insieme di strutture anche diverse fra loro, ma accumunate dagli stessi ingredienti, in quantità variabile: conservazione, educazione, ricerca e intrattenimento. Stiamo parlando di orti botanici, giardini zoologici, musei di storia naturale, musei della scienza e della tecnica, musei etno-antropologici, planetari, centri visita di parchi nazionali, collezioni specialistiche universitarie (di geologia, anatomia, paleontologia ecc.) e, dalla metà del Novecento, di *science centre*, dove la creazione di nuovi strumenti di comunicazione della scienza ha quasi completamente sostituito l'esposizione delle collezioni naturalistiche o storico-scientifiche.

Diamo un rapido sguardo alla realtà del nostro Paese.

Due indagini successive (1997 e 2001), coordinate entrambe da Emanuela Reale, hanno coinvolto rispettivamente 518 e 319 realtà presenti in Italia. Pur trattandosi in molti casi di istituzioni di piccole dimensioni e con finanziamenti risibili, le ricerche hanno evidenziato nel complesso un *trend* decisamente positivo, mostrando una crescita in capacità di auto-organizzazione e di proposta culturale. Nel 2001 l'87% delle istituzioni dichiarava di svolgere attività didattiche, soprattutto visite guidate, dando il segno di una presenza capillare e significativa sul territorio nazionale. Alcune istituzioni di grandi dimensioni – quali la *Città della Scienza* di Napoli e il *Museo Nazionale della Scienza e della*

Tecnologia Leonardo da Vinci di Milano – toccano singolarmente ogni anno centinaia di migliaia di bambini e ragazzi con complesse e ragionate proposte didattiche; istituzioni di medie dimensioni – quali l'*Immaginario Scientifico* di Trieste o il *Museo del Balì* di Saltara – riescono comunque a coinvolgere ognuna decine di migliaia di studenti; e molti nuovi *science centre*, più piccoli, ma attivissimi nel rapporto con la scuola, stanno sorgendo un po' dovunque.

Consapevoli di questo crescente impatto, abbiamo quindi deciso di considerare questo mondo in espansione e di indagare il ruolo dei musei nella formazione dell'immaginario scientifico. Oltre a far riferimento alla vastissima letteratura internazionale esistente, abbiamo deciso di ascoltare le opinioni delle due classi di attori del mondo dei musei della scienza maggiormente coinvolte nell'interazione con i bambini e i giovani.

Abbiamo quindi intervistato i responsabili delle sezioni didattiche di importanti realtà italiane, persone che oltre a organizzare e promuovere oggi laboratori didattici, corsi di aggiornamento per insegnanti, mostre permanenti e temporanee, hanno anche partecipato attivamente alla riflessione sulla nuova cultura della comunicazione della scienza, proprio in questi ultimi venti anni nei quali il ruolo dei musei nel nostro paese è venuto cambiando e arricchendosi di nuovi significati.

Queste interviste sono quindi servite a progettare un focus group con animatori scientifici provenienti da tutta Italia. Gli animatori scientifici sono quegli operatori che accompagnano il pubblico nelle visite guidate, animano i laboratori didattici, danno luogo a dimostrazioni sperimentali, o a veri e propri *science show*. Si tratta molto spesso di giovani studenti universitari, o comunque giovani che svolgono questo lavoro secondo le modalità del lavoro occasionale, in attesa di fare carriera all'interno del museo o di cambiare del tutto luogo di lavoro. Per il carattere transitorio di questa occupazione si tende, anche all'interno delle stesse istituzioni, a sottovalutare il loro ruolo, che è invece cruciale: sono gli animatori la vera linea del fronte tra il museo e il pubblico, e sono quindi loro i veri responsabili, alla fin fine, della natura e del successo (o dell'insuccesso) della comunicazione scientifica. Inoltre esistono in Italia e in Europa importanti sperimentazioni che vedono proprio negli animatori i principali soggetti di un nuovo modo di dialogare tra il museo e i suoi pubblici (si consultino a questo riguardo i siti di due recenti progetti europei: *Dotik*, http://www.dotik.eu, e *SMEC*, http://www.museoscienza.org/smec). La consapevolezza della natura cruciale del loro apporto sta infine crescendo negli ultimi anni, tanto che presso la rete europea dei musei scientifici (ECSITE – *European network of museums and science centres*) è stato costituito un gruppo di interresse dedicato proprio allo studio di questa nuova professionalità (http://medialab.sissa.it/THE).

Attraverso le parole dei responsabili scientifici e degli animatori abbiamo quindi cercato di raggiungere questi obiettivi:
- capire come responsabili didattici e animatori vedano il proprio ruolo e quello della loro istituzione;
- capire quali sono le metodologie didattiche e comunicative proposte e che coscienza e controllo ci siano della loro efficacia;
- capire quale immagine della scienza e dello scienziato abbiano bambini e ragazzi, secondo responsabili didattici e animatori.

Vivere la scienza in prima persona

Cos'è la ricerca scientifica per gli intervistati?

Per prima cosa abbiamo chiesto agli intervistati di narrare l'episodio personale, più lontano nel tempo, che avesse avuto a che fare con la scienza. Dalle risposte emerge un filo che lega, nei nostri interlocutori, questi primi ricordi, la carriera intrapresa, e la concezione della scienza che intendono oggi trasmettere alle nuove generazioni.

Per la maggioranza degli intervistati la scienza ha un doppio volto, solo in apparenza contraddittorio. Da un lato la scienza è una modalità manipolatoria e sperimentale di intervento sul reale, estremamente concreta e, in quanto sperimentale, portatrice di senso critico e di trasparente e democratico confronto. Dall'altro è un modo per confrontarsi con le grandi questioni della condizione umana, e risponde anche al bisogno di visioni e all'esplorazione dell'ignoto e del misterioso. Nello stesso tempo, quindi, qualcosa di molto particolare e concreto e di molto generale e culturale.

Le interviste ai responsabili didattici

Nel corso del 2003, sono stati intervistati sette responsabili dei servizi didattici : Emilio Balzano e Luigi Amodio (*Città della Scienza*, Napoli), Enrico Miotto (*Museo Nazionale della Scienza e della Tecnologia*, Milano), Ilaria Vinassa de Regny (*Museo di Storia Naturale*, Milano), Pietro Cerreta (*Le Ruote Quadrate*, Calitri, Avellino), Maria Bertolini (*Museo Tridentino di Storia Naturale*, Trento), Walter Bielli (*Città dei Bambini*, Genova).

Le interviste, della durata superiore all'ora, erano semistrutturate.

Cosa rappresenta la scienza per gli intervistati, con quali strumenti comunicarla, cosa serve e cosa piace della scienza ai bambini e ai giovani, e quale immagine complessiva ne hanno: questi sono stati i principali temi dell'intervista. I temi sono stati fatti emergere ragionando su:

– la formazione dell'intervistato e i suoi riferimenti culturali;
– la sua definizione della scienza;
– la sua visione del mondo dei ragazzi;
– il ruolo dei musei scientifici: obiettivi e difficoltà.

Emilio Balzano, per esempio, ricorda:

[...] mi colpì molto un filmato sulle neuroscienze, dove presentavano in particolare degli esperimenti, di orientamento comportamentista, basati sull'osservazione del comportamento di topi o altri animali per cercare di capire come anche noi ragioniamo. Mi ricordo che accese molte mie fantasie. [...]

Ha quindi seguito una carriera scientifica per

la possibilità, nello studiare la fisica, di confrontarsi con le grandi questioni, con quei grandi problemi che possiamo anche chiamare, in modo generico, filosofici.

Pietro Cerreta mette invece in risalto in modo paradigmatico il volto sperimentale della scienza, quello di un fare *esperto* che è naturalmente consapevole della conoscenza che è necessaria e quindi da tramandare. La scienza si salda, nei suoi primi incontri – il primo ricordo è un esperimento di chimica casalinga suggerito da un settimanale enigmistico – con il fare e il sapere dell'artigiano e del costruttore, proprio come avvenne alla nascita cinquecentesca della scienza moderna:

> Sono vissuto in un ambiente artigiano – perché mio padre era fabbro, maniscalco, costruiva (anzi, costruisce ancora perché è vivo) i ferri per i cavalli usando la forgia, cioè il luogo dove il ferro viene riscaldato fino a diventare bianco, per poi essere forgiato a forma di ferro di cavallo. [...] Io ho pensato che questo potesse essere un modello di apprendimento, perché intorno a queste cose io vedevo che altri apprendevano come costruire zappe, bidenti e vomeri.

La scuola del nozionismo

Questa passione dello sperimentare, ma anche l'aspirazione a riflettere sul senso del mondo e sui misteri dell'Universo sembrano, nelle parole di tutti gli intervistati, essere state frustrate da una scuola nello stesso tempo poco capace di produrre visioni problematiche del mondo, quanto di creare spazi di operatività materiale e sperimentazione.
Afferma sempre Cerreta:

> In famiglia le cose non si acquistavano, ma si costruivano. Poi, però, passando alla scuola, ho dovuto dismettere questo atteggiamento empirico per adottare quello teoretico, cioè tipo ipotetico-deduttivo.

> [La scuola] in un certo senso tarpa gli atteggiamenti positivi dei ragazzi, e per iniziarli alla scienza, li costringe a entrare all'interno di un paradigma stretto, tanto stretto da mandarli fuori dall'entusiasmo, dalla conoscenza gioiosa che prediligono. [...] Li costringe a imparare le cose che l'insegnante vuole che si dicano, non le cose che il ragazzo vuole capire, vuole riferire.

In questa sede ci è impossibile discutere di come in realtà molte buone idee e pratiche museali siano nate all'interno dell'educazione formale, scolastica, o raccontare delle preziose esperienze di insegnamento scientifico innovativo che hanno sempre percorso la scuola, anche italiana. Rimane il fatto che tutti gli intervistati pensano che l'influsso della scuola sia, nel suo insieme, negativo.

Luigi Amodio è l'unico degli intervistati che arriva alla scienza non per studi – ha una laurea in sociologia – ma *per motivi di lavoro*. Anche dalle sue parole l'insegnamento scolastico non esce certo bene:

Per ragioni di lavoro mi sono trovato coinvolto in questa avventura del *science centre* che nasceva, con delle funzioni più legate alle mie competenze di *management* della cultura, che avevo già consolidate; poi, però, cominciando a lavorare nel campo dei musei della scienza finalmente ho capito cos'è la scienza. Ho capito quanto me l'avessero insegnata male a scuola, quanto non me l'avessero fatta amare, ho capito tutte le connessioni, e alla fine dell'opera sono riuscito ad appassionarmi.

Il museo non deve comunque sostituirsi alla scuola. Museo e scuola devono trovare il modo di essere complementari, nella diversità degli obiettivi e dei metodi. Ci ha detto Ilaria Vinassa de Regny:

Sono due impostazioni, diverse, ed è assolutamente giusto che restino tali, perché quello che comunque noi spieghiamo anche ai nuovi collaboratori è che il lavoro di un operatore didattico all'interno di un museo non è mai di sostituzione al lavoro dell'insegnante, [...] noi dobbiamo essere una lente d'ingrandimento per l'insegnante su determinati argomenti. [...] La scuola deve saper utilizzare il territorio, e il territorio deve essere attento e pronto a rispondere al mondo della scuola.

Uno spazio per sperimentare e ragionare

A differenza della scuola – intendendo qui la sua anima più tradizionale, nozionistica e gentiliana – i musei, nelle parole degli intervistati, rappresentano invece il luogo ideale dove poter sperimentare, in prima persona, il fare scientifico. La missione educa-

tiva dei musei è, come la scienza nei loro ricordi infantili, una proposta a due facce:

1. dare ai ragazzi, ma anche alle persone adulte che non ne
   hanno avuto la possibilità, occasioni per fare esperienze diret-
   te di fenomeni e stimolarne il ragionamento scientifico;
2. appropriarsi/riappropriarsi della capacità di ragionamento e
   di critica sul mondo, e così far crescere anche una cittadinanza più consapevole e capace.

Emblematiche le parole di Enrico Miotto:

> In primo luogo guardare le cose con un occhio scientifico è
> possibile per chiunque, e al limite anche divertente. Visto che
> è diffusa l'idea che la scienza sia qualcosa che va fatta fare ad
> altri, credo invece si debba proporre un'idea di cittadinanza
> secondo cui tutti devono essere in grado di prendere decisio-
> ni su problemi che hanno a che fare con la scienza e la tecno-
> logia, e il primo passo è pensare che tutti sono in grado di
> ragionarci su. Con i più piccoli questo significa mostrare che è
> possibile ragionare su un fenomeno e dire su quel fenomeno
> delle cose sensate, pensandole autonomamente. C'è anche
> qualcuno, gli scienziati, per cui questo è un lavoro, ma la realtà
> è che tutti possono comunque parlare di un problema scien-
> tifico in modo sensato. Per incentivare questa attitudine si può
> far capire che, come effetto collaterale, può anche essere
> divertente e piacevole.

Quali sono gli strumenti per realizzare questo duplice obiettivo?
In primo luogo offrire situazioni in cui sia possibile toccare con
mano fenomeni di interesse scientifico; o, nel caso dei musei di
storia naturale, anche reperti o metodologie di indagine. Poi inte-
ragire con il visitatore con una sorta di dialogo socratico, in cui l'a-
nimatore non dà risposte, ma stimola il visitatore a costruirsi delle
ipotesi e a porsi delle nuove domande.

Dal coinvolgimento emotivo all'osservazione di fenomeni,
all'esperienza di un metodo e, infine e non necessariamente,
all'acquisizione di concetti e nozioni: questo è un percorso
d'apprendimento che privilegia un vissuto emotivo positivo,
legato sia alla sperimentazione personale della passione per la
ricerca sia al contatto con altri che vivono questa passione.

Nella definizione della loro missione gli intervistati sono concordi e perfettamente in linea con la tradizione internazionale dei musei *hands-on* (*le mani sopra*) dove il visitatore è chiamato a essere il protagonista delle esperienze, molte proprio di tipo sperimentale, e in definitiva dell'apprendimento. Racconta Walter Bielli:

> Il metodo era quello della sperimentazione diretta; ai bambini non è mai stato spiegato prima cosa succederà, è stato detto *proviamo insieme,* e l'adulto si mette nella stessa posizione del bambino, e non tirerà fuori la soluzione neanche sotto tortura. *Proviamo insieme,* finché nel gruppo dei bambini che provano ce n'è uno che ha l'intuizione che noi sollecitiamo, che noi rinforziamo, che porterà un altro bambino ad aggiungere un contributo, il terzo a formulare una frase che abbia i principi che stiamo cercando e il gruppo intero a vivere come conquista finalmente ciò che volevamo far vedere.

Cosa piace ai bambini?

Ma cosa piace, ai bambini, delle esperienze museali proposte? Uno degli intervistati risponde *Ai bambini piace tutto,* dando voce a quello che anche gli altri sembrano pensare.

Soprattutto piace loro il fatto di essere in un ambiente diverso dal solito, principalmente dalla scuola, in cui si sentono più liberi; commenta Luigi Amodio:

> Respirano una dimensione non convenzionale, la rottura con la quotidianità. [...] Quando si dice, nel mondo dell'accademia, che i musei della scienza interattivi sono come i luna park, si dice una grande sciocchezza, metodologica e concettuale; credo di poterlo affermare vedendo come si comportano i nostri visitatori: questa carica di libertà che i ragazzi esprimono quando sono qui – vanno avanti, indietro, toccano... – è esattamente quanto gli è negato nei parchi a tema, dove il massimo della funzionalità per quel genere di attrazioni è essere intruppato in un gruppo, essere addirittura, nella maggior parte delle attrazioni, per ragioni di sicurezza, fisicamente vincolato.

Ai bambini piace ciò che è straordinario – come i mostri e i dinosauri – e, anche, ciò che è magico, stupefacente, ma solo se poi si traduce in una sfida intellettuale, e il magico viene svelato. I bambini amano *ricercare*, *ragionare* e *capire*, parole che ritornano nei discorsi e nelle opinioni dei bambini e degli adolescenti già raccolti nei capitoli precedenti.

Un pubblico ideale, quindi, che diventa difficile con l'adolescenza, e restio a coinvolgersi in età adulta.

> Ma, i bambini sono di per sé curiosi sempre, cioè gli interessa un po' tutto,

dice Maria Bertolini; è crescendo che perdono la curiosità e diventano più difficili da trattare, sostengono tutti. Ritorna quanto già detto: i bambini, tendenzialmente aperti a tutte le esperienze e naturalmente scientificamente curiosi, vengono *spenti* da una scuola nozionistica, e si ritrovano adulti timorosi di mettere in gioco le proprie capacità di ragionamento scientifico.

Più difficile dire, per i responsabili didattici dei musei, quale immagine della scienza hanno bambini e adolescenti. I tempi, comunque ristretti, delle visite e dei laboratori, non consentono loro di avviare un dialogo sufficientemente lungo e profondo: ecco un punto a favore della scuola, se sapesse cogliere questa possibilità.

Per i più piccoli è sicuramente molto importante la figura dello scienziato, cioè la scienza è principalmente *qualcuno che fa qualcosa*: anche in questo senso la figura dell'animatore, uno scienziato per età vicino ai ragazzi, è così fondamentale e anche così colma di suggestioni positive.

> Oddio, loro forse sono più affascinati dalla figura del ricercatore, dall'esperto, gli interessa di più quello che fa il botanico, lo zoologo, questa figura che mettono un po' sul piedistallo dell'esperto *che sa tutto di quella cosa*, più che di quello che è la disciplina, il processo, il metodo della ricerca. Quello non glielo puoi spiegare, ma glielo puoi far vivere attraverso la figura del ricercatore. [...] Far vivere un ruolo: proviamo per un giorno, per una mezza giornata, a

vivere come l'archeologo, il naturalista, il biologo, [...] allora riesci a fargli capire un metodo di lavoro. Per cui più che del processo o dei metodi di ricerca, dell'analisi, del ricercatore hanno più la familiarità, la conoscenza della *persona che fa*.

Conferma Ilaria Vinassa de Regny:

Io ero rimasta sempre affascinata da come nell'ambito delle elementari e medie quando andavo nelle classi la cosa che li attirava maggiormente era il dietro le quinte.

Diversi sono invece gli interessi dei più grandi:

Gli adolescenti comunque ci frequentano meno, – afferma Luigi Amodio – hanno un rapporto semmai più strumentale con la scienza, con la tecnologia, con l'esperienza che fanno da noi. E intendo *strumentale* in senso positivo: per loro è un'esperienza per imparare a lavorare, per imparare una disciplina. [...] Credo che a quell'età le curiosità, anche scientifiche, siano molto centrate sulla propria vita privata. Da quello che vedo, i nostri colleghi del Nord Europa, che pure lamentano il fatto che i *teenager* vadano poco al museo, usano una strategia diversa: Technopolis (*science centre* belga, *ndr*), per esempio, ha organizzato una mostra sulle differenze di genere, specificamente dedicata ai *teenager*, e pare che sia stata un successo. L'attenzione al corpo: queste sono le cose che funzionano.

Se le più tradizionali offerte didattiche dei musei scientifici (laboratori, dimostrazioni, visite guidate) sono perfette per far toccar con mano la scienza nel suo fare, non sono però i luoghi – spazi e tempi – ideali per discutere degli aspetti legati alle proprie prospettive di vita futura, ma anche etici e sociali della scienza e della tecnologia.

Si stanno sperimentando però nuove proposte, giochi di carte, di ruolo, dibattiti guidati che possono fare dei musei un'arena di scambio non solo sulla ricerca scientifica, ma sui suoi rapporti con la società.

Gli animatori: comunicare la passione della scienza

L'animatore è la principale interfaccia umana tra il museo – e la scienza che questo rappresenta – e il visitatore. In molti casi è l'unico *scienziato* che il pubblico ha mai incontrato; spesso, quando il museo ha poche sale espositive o allestite in modo molto tradizionale e poco comunicativo (*mute* bacheche con scarse e piccole didascalie), la comunicazione del museo sta tutta nel dialogo tra l'animatore e il suo pubblico.

Come abbiamo già detto, questo suo ruolo è purtroppo molto spesso sottovalutato. Da qualche anno gli animatori sono però oggetto di nuova attenzione, ed essi stessi protagonisti di nuove iniziative. Una rete informale di animatori scientifici, *Macramé*, si è formata qualche anno fa in Italia, e per qualche tempo si è riunita in incontri annuali (Perugia 2002; Trieste 2004; Trento 2005). Il focus group di cui qui riportiamo i risultati si è tenuto nell'incontro di Trieste nel gennaio del 2004 ed era orientato a individuare i nodi attorno ai quali si sta sviluppando questa professione, la percezione che gli animatori stessi hanno di *scienza* e *scienziati*, e quale ritengono sia l'immagine della scienza nei bambini e nei giovani.

L'immagine di sé

Gli animatori dei musei si sentono lavoratori privilegiati e, allo stesso tempo, abbandonati. Privilegiati perché possono affrontare la scienza in modo più libero e aperto rispetto agli scienziati e agli insegnanti; perché possono esprimere tutta la loro creatività e la loro passione per la ricerca in momenti liberi e ludici, con pubblici, soprattutto infantili, interessati ed entusiasti.

Si sentono anche abbandonati, però, perché il loro lavoro non viene riconosciuto all'esterno – anche in termini professionali ed economici – in tutta la sua complessità. Si genera quindi una contraddizione fra il desiderio di essere liberi da vincoli formali e liberi di sperimentare, e la necessità di darsi un inquadramento istituzionale. Questa contraddizione è solo la prima di una lunga serie che sembra caratterizzare questo ruolo professionale.

Il mestiere di animatore si delinea come attività *collaterale*, svolta in gran parte da giovani, o comunque riconosciuta e valutata come lavoro *di passaggio*, mentre questi giovani inseguono altri destini professionali, anche quando invece alcuni animatori rimangono tali e hanno alle spalle anni di esperienza.

Contraddittorie sono anche le opposte esigenze di una maggiore definizione e specializzazione professionale e la necessità di acquisire un insieme di competenze molto diversificate fra loro: dal sapere disciplinare ai trucchi propri dell'animazione, dall'organizzazione dei contenuti a quella dei materiali, dall'amministrazione alla ricerca di fondi.

Amano la scienza, ma in qualche modo anche se ne distanziano: il loro mestiere infatti, costituisce un modo diverso di affrontare la ricerca, fuori dall'ufficialità dell'accademia e della pratica scientifica.

Collocandosi in un piano di diversità, gli animatori caratterizzano lo scienziato in modo prevalentemente critico. Tutti provenienti da carriere scientifiche, la loro critica è dovuta a esperienze personali, e riguarda la competizione, le necessità della carriera e degli appoggi. Ne emerge una chiara presa di distanza dalla figura dello scienziato.

L'animazione è invece un mestiere fantastico – in un'occasione successiva un animatore sloveno ha dichiarato: *Mi pagano per divertirmi* –, ma pieno di nodi non risolti, che dovranno essere sciolti dalla riflessione internazionale, che però è appena ai suoi inizi.

La missione dell'animatore

Nel focus group è emersa l'origine fortemente emotiva della missione degli animatori; la *passione* per la scienza e per un certo modo di trasmetterla al pubblico sono infatti spesso citati come gli aspetti di più forte motivazione personale. Gli animatori sono entusiasti, e consapevoli di dover contagiare con il loro entusiasmo e la loro passione.

La possibilità di avere un contatto diretto e informale con il pubblico è invece per l'animatore la fonte di gratificazione. Assieme al pubblico costruiscono un percorso, in un contesto che essi stessi creano: un approccio che, nelle loro parole, parte realmente dal basso.

Quanto agli obiettivi del loro lavoro, le parole degli animatori fanno intravedere di nuovo un'immagine molteplice e in parte contraddittoria. Gli animatori pongono la *divulgazione* come ambito primario della loro attività, collocandola come punto di incontro fra la formazione e l'animazione; sembrerebbe quindi avere del loro compito un'idea trasmissiva, educativa nel senso tradizionale. D'altra parte, invece, *cambiare il punto di vista, ridurre la distanza*, partendo dalla pratica e dal rovesciamento del senso comune – l'*effetto sorpresa* – sono i modi in cui la loro *divulgazione* si declina.

Il principale obiettivo che gli animatori si pongono è comunicare un'immagine diversa e più aperta della scienza. Lo strumento che li differenzia dagli altri comunicatori è la possibilità di creare un'esperienza materiale, e personale, nel contatto con il loro destinatario.

Concetti come quelli di *traduzione, prova, previsione* ma anche *provocazione* descrivono le principali dimensioni della loro attività di comunicazione, che parte dalla pratica, ma implica anche abilità retoriche e psicologiche. Animare significa
– *fargli provare le cose, fargli fare un'esperienza fisica* – dimensione pratica;
– *parlare il loro linguaggio, essere onesti, provocarli: farli cadere in contraddizione per provare altre esperienze* – dimensione retorica;
– *stabilire un legame, creare dinamiche di gruppo* – dimensione psicologica;
– *imparare da loro, fargli fare previsioni* – dimensione metodologica.

La molteplicità di questi modi di trasferimento della scienza, e la molteplicità dei pubblici, riflettono ancora una volta la complessità delle competenze che gli animatori devono avere.

I bambini, i giovani e la scienza

Su alcuni punti animatori e responsabili dei servizi didattici sembrano avere esattamente le stesse idee. Non solo sulle modalità dialogiche della comunicazione e sulla necessità della pratica sperimentale della scienza, ma anche sulle relazioni tra scienza, scuola, bambini e adolescenti.

I bambini delle elementari sono il pubblico privilegiato degli animatori: i bambini sono gli scienziati per eccellenza, mantengono la capacità di affrontare il mondo da un punto di vista sempre diverso, *come per la prima volta*. Crescendo, l'atteggiamento si modifica: negli adolescenti si trasforma nel timore reverenziale verso la scienza scolastica, che non si riesce a dominare o che si domina solo grazie a una pratica noiosa, succube, e quasi del tutto mnemonica; e poi, negli adulti, dove la scienza diviene qualcosa di talmente lontano dalla propria vita che ogni curiosità e desiderio di coinvolgimento si spegne.

Mentre i bambini dimostrano maggiore entusiasmo e maggiore apertura perché non ancora influenzati da una visione, purtroppo molto diffusa, che rappresenta la scienza come incomprensibile ed elitaria, gli adulti ne sono completamente condizionati. L'atteggiamento di fondo del pubblico adolescenziale è passivo, si basa su una visione piatta e dogmatica: *la scienza non fa domande, ma dà risposte*, e gli scienziati stessi vengono indicati come colpevoli di alimentare lo stereotipo, qualificandosi come i soli detentori del sapere.

D'altra parte, anche se come abbiamo più volte ripetuto i bambini sono curiosi e aperti a imparare, l'immagine dello scienziato che, secondo gli animatori, hanno è comunque poco realistica e aderente a vecchi e nuovi stereotipi: lo scienziato è caratterizzato da *genialità* e *pazzia*; ha di solito scarso senso pratico, e spesso è isolato dal resto della società.

Conclusioni

Dalle interviste agli esperti come dal focus group con gli animatori la scuola emerge come protagonista dell'*imprinting* scientifico sui giovani, che nella maggior parte dei casi è negativo. È vero che i media, la televisione *in primis*, sono molto più potenti, ma alla fin dei conti sembra che la causa del distacco dalla scienza, che avviene nella maggioranza degli individui durante l'adolescenza, sia proprio l'insegnamento scolastico tradizionale. Si tratta di un vero e proprio percorso involutivo, che dal bambino *scienziato per natura* conduce all'adulto lontano dalla scienza.

Anche il mondo della scienza, aggiungono però gli animatori, non è del tutto innocente: gli scienziati, invece di presentarsi nel proprio essere e fare umano – quell'elemento personale e concreto che sarebbe invece di grande interesse per il pubblico – tendono a mostrarsi come *coloro-che-sanno-tutto*, rafforzando il senso di inadeguatezza soprattutto degli adulti non-esperti.

Il mondo dei musei vuole proporre nuove strade per la diffusione del sapere scientifico; intende stimolare l'interesse del pubblico, ma soprattutto coinvolgerlo direttamente nell'esperienza scientifica, fargliela toccare con mano, sia letteralmente – attraverso apparati sperimentali e laboratori – sia metaforicamente, aiutando il pubblico ad appropriarsi dei modi del ragionamento scientifico.

Vuole, in questo modo, contrastare il distacco, il disinteresse, e la paura della scienza che il pubblico adulto manifesta; vuole anche essere di supporto alla scuola, proponendo pratiche pedagogiche alternative a quelle nozionistiche, che tengano accese le capacità scientifiche dei bambini invece di spegnerle.

Permangono però alcuni punti di criticità in questo progetto. Sono proprio le caratteristiche innovative dell'animazione scientifica a renderne difficile l'inquadramento professionale, e c'è ancora molto da fare per compiere una riflessione critica soddisfacente sulla filosofia che sottende a queste attività, sui suoi risultati, sul modo di formare il personale dei musei.

Infine, se il museo si propone con successo come luogo di contatto diretto e attivo con la scienza, deve dotarsi però anche di nuovi spazi e strumenti per riuscire non solo a proporre la natura sperimentale della scienza, ma anche ad ascoltare i suoi pubblici e quanto hanno da dire – chiedere, discutere, proporre – sulla scienza e sui rapporti tra scienza, tecnologia e società. Deve cioè essere capace di presentare, in modo dialogico, la seconda anima della scienza, quella che va a toccare i grandi problemi della vita e dello sviluppo sostenibile. Per fare questo occorrono nuovi luoghi e strumenti, ma soprattutto tempi lunghi e rilassati, non sempre compatibili con la vita di un museo.

Conclusioni

La scienza è costantemente protesa verso il futuro, verso il nuovo, e contribuisce alla produzione di nuove conoscenze e, attraverso queste, all'innovazione.

L'immaginario sulla scienza invece è costruito su modelli che hanno un'origine antica e che formano le visioni di ciascuno di noi prima ancora delle conoscenze acquisite in modo esplicito. Non solo: questi modelli si riflettono sulla scienza così come viene vista in contesti non specialistici, dalla scuola all'arte, dalla televisione ai musei.

Nelle narrazioni sulla scienza convivono due anime in apparente contrasto: una positiva, euforica, in genere preponderante, visibile, ufficiale, e una negativa, intimorita, quasi speculare, meno evidente. Sono due visioni profondamente radicate nell'immaginario e per questo hanno una grande influenza sul rapporto tra la scienza e il resto della società.

Abbiamo esplorato questo mondo partendo dai miti che parlano del rapporto tra l'uomo e la conoscenza, caratterizzato a volte da entusiasmo e fascino per il nuovo, altre volte da diffidenza e paura per il cambiamento. L'incontro tra entusiasmo e diffidenza, tra fascino e paura è stato ricondotto a tre dilemmi classici: il dilemma *del frutto proibito*, che restituisce i timori sulla conoscenza in quanto tale; il dilemma *dell'apprendista stregone*, che parla dei rischi legati alla perdita di controllo sulla conoscenza e sulle sue applicazioni; il dilemma *del Golem*, che riflette le preoccupazioni sulla manipolazione della natura per mezzo della conoscenza. E restituisce il brivido di euforia e paura legato al superamento della frontiera tra inanimato e animato.

Questi miti rappresentano un modo per interpretare la percezione delle contraddizioni e l'ambivalenza dell'immaginario degli adulti, ma nel corso del libro abbiamo visto come l'idea che i bambini hanno della scienza e dello scienziato sia altrettanto articolata: lo scienziato è per loro *eccezionalmente normale*.

Il racconto di come i più piccoli vedono lo scienziato e il suo mestiere, infatti, raccoglie dall'ambiente circostante aspettative e preoccupazioni. I loro riferimenti, sia narrativi che figurativi, riflettono un mondo scientifico e tecnologico dalle molte facce, dai contenuti prevalentemente positivi, ma anche preoccupante per i suoi possibili effetti distruttivi.

Lo stereotipo dello scienziato genio convive con una ripetitiva *routine* lavorativa: in lui abitano il ricercatore e il tecnologo. Il suo potere risiede nella capacità di salvare persone, animali, vite; di inventare oggetti nuovi e benefici per l'umanità; ma anche di manipolare la natura tanto da comprometterla; e di usare il suo potere per distruggere. Lo scienziato e il mago, seppur con modalità diverse, giungono in fondo allo stesso risultato: in molti dei racconti per bambini, ma anche per adulti, ci si sofferma sugli effetti mirabolanti della scienza piuttosto che rivelare la fatica e i fallimenti delle sue ipotesi e dei suoi metodi.

I bambini diventano ragazzi e con loro si trasformano anche le immagini di cui sono portatori: alle scuole superiori la scienza e chi la fa appaiono lontani dalla vita quotidiana e dalle attitudini dei ragazzi stessi. La scienza è qualcosa di alto e al tempo stesso di non desiderabile. Per diventare scienziati, infatti, l'impegno e la fatica sono enormi e questa è una certezza che tiene i ragazzi lontani dal vedere una carriera scientifica come una possibilità di vita. Nonostante questo, per loro gli scienziati non sono troppo diversi dal resto delle persone: non sono né simpatici né antipatici, né altruisti né egoisti, hanno una famiglia e degli amici, i loro successi sono il frutto di un lavoro di *équipe* e devono stare attenti a cosa succede intorno in modo da raccogliere idee e strumenti per il loro lavoro. Sono animali sociali come tutti gli altri.

Cosa li rende allora speciali? Il loro modo di osservare il mondo. La scienza è infatti negli occhi di chi guarda: non sono gli oggetti del suo studio a caratterizzarla, ma il *modo* con cui questa li studia.

Le aspettative sull'operato della scienza sono enormi e rivelano un preponderante ottimismo: i ragazzi danno una lettura positiva del rapporto tra scienza e società nella convinzione che lo scienziato lavori al servizio di tutti. Fa riflettere come questo risultato sia strettamente correlato ai miglioramenti nell'ambito della salute. Le maggiori aspettative sono riposte nella più incerta e più mediatizzata delle scienze: la medicina.

Sulla scienza, i giovani si ritengono più interessati che informati, sono convinti che nel passato la scienza abbia fatto più bene che male, mentre l'ottimismo per il futuro è meno netto, anche se comunque prevalente. C'è uno scarto tra la percezione positiva degli effetti che la scienza ha avuto fino a oggi e la considerazione più cauta di ciò che potrà fare in futuro. Questo è indice di un calo di fiducia che, se in parte è dovuto all'incertezza per tutto ciò che deve ancora venire, ha però anche una sua propria rilevanza collegata agli usi e alle applicazioni che vengono fatti della scienza.

Anche gli insegnanti vedono la scienza come mezzo per dare risposte efficaci ai problemi dell'uomo. È proprio nella capacità di fornire queste risposte che si trova la differenza fra la scienza e altre forme di conoscenza. Gli insegnanti parlano di scienza come di un'*impresa sociale*, orientata alla promozione dell'umanità. L'idea di *progresso* guida i loro discorsi e la finalità di questo progresso è farci raggiungere il benessere, inteso soprattutto come capacità di curare e tutelare l'uomo e l'ambiente. Ma alla medicina e alla tutela della salute con altrettanta frequenza affiancano i cambiamenti climatici, la lotta all'inquinamento, la salvaguardia della biodiversità, l'utilizzo consapevole dell'energia, lo stoccaggio dei rifiuti.

Contemporaneamente, la scienza rivela in società una faccia legata agli interessi economici e all'incapacità di esprimere le promesse di democrazia che contiene in sé: gli insegnanti vedono una dialettica aspra tra il tentativo di rispondere ai problemi dell'uomo e gli interessi di quanti finanziano la produzione scientifica.

Abbiamo detto che i ragazzi non vedono concretamente la possibilità di intraprendere una carriera scientifica, e questo trova conferma nell'aura di sacralità che nelle dichiarazioni degli insegnanti tiene lontana la figura della scienziato. Quasi tutti dichiarano, infatti, di non conoscerne personalmente uno, mentre la figura del ricercatore è per loro più familiare: il primo rappresenta l'eccezione fra i mestieri possibili, il secondo svolge un lavoro normale, fatto anche di *routine* e ripetizione. Ci troviamo allora di fronte al paradosso dei bambini e dei ragazzi che vedono lo scienziato come un cittadino che partecipa nel bene e nel male alla vita sociale e che è sceso da tempo dalla torre d'avorio, mentre gli insegnanti se ne costruiscono un'immagine che collocano ancora su quella stessa torre.

Anche in famiglia si discute e si negozia intorno a questioni scientifiche e da questo confronto emerge e si rafforza un'immagine positiva della scienza. Quando bambini e ragazzi tornano a casa da scuola, i discorsi che affrontano con i genitori sull'argomento sono focalizzati sugli aspetti più ottimistici. La scienza è vista come una delle grandi opportunità della nostra epoca. La parola alla quale viene più frequentemente associata è *progresso* e, ancora una volta, è l'ambito biomedico a prevalere nei discorsi e nei giudizi discussi attorno al tavolo, in automobile, in poltrona, davanti al televisore di famiglia.

I genitori dichiarano di incoraggiare i loro figli nell'intraprendere una carriera scientifica, ma l'immagine dello scienziato che ne emerge è di persona talentuosa e *portata* fin dalla nascita, in una sorta di innatismo che si rivela però solo dopo una certa età: i bambini più piccoli, fino quasi alla fine delle scuole elementari, sono esclusi dalle conversazioni casalinghe sui temi scientifici, perché non all'altezza.

Se gli insegnanti, in gran parte, vedono la scienza come un'impresa che produce progresso, a sviluppare nei più giovani lo spirito critico e a influenzarne gli atteggiamenti contribuiscono i mezzi di comunicazione: la televisione, internet, i musei e le riviste non sottolineano soltanto i lati positivi della scienza e della tecnologia, ma sono veicolo anche di un atteggiamento critico, che influenza bambini e ragazzi. Così, i decisori di domani non riescono a ritrovarsi nelle opportunità offerte oggi da scuola e università né in quelle del mondo del lavoro.

E infatti, lo sguardo degli operatori dei musei ci rivela che la curiosità dei più giovani è vivace ed entusiasta, perlomeno fino alle scuole medie – quando entrano nell'adolescenza e contemporaneamente un certo tipo di scuola nozionistica inizia ad allontanarli dalla curiosità verso il pensare e il fare scientifici. È significativo che chi lavora in un museo vede l'entusiasmo, la vivacità e la curiosità dei bambini e che questi stessi bambini per i propri genitori invece non sono all'altezza di intraprendere un percorso educativo e professionale di tipo scientifico. Secondo chi lavora nei musei la responsabilità, d'altra parte, è anche degli scienziati che tendono spesso a marcare la loro diversità rafforzando il senso di inadeguatezza degli *altri*.

Ritornando ai giovani, centro dell'attenzione di questo libro, rimane infine un importante interrogativo: se l'interesse che la scienza sembra suscitare nei bambini e nei ragazzi è così vivo, rimane da chiedersi allora se la tanto declamata caduta di interesse per la *scienza* e per le *carriere scientifiche* non dovrebbe essere tradotta invece nella caduta di interesse per le *discipline scolastiche e universitarie*.

Da una parte, i giovani faticano a studiare scienza, gli stereotipi dicono loro che servono talento e molto tempo a disposizione e a coronamento di questo i mestieri della scienza sono sempre più precari e meno remunerativi di altri. Dall'altra, non perdono interesse verso i suoi temi, come dimostra l'alto livello di fiducia che continuano ad avere verso la ricerca scientifica. E mentre il loro ottimismo è accompagnato da una certa cautela per il futuro, il loro interesse sboccia solo fuori dalle aule e dai dipartimenti.

Appendice

Dieci studi su giovani e scienza

Perché indagare i pubblici della scienza e in particolare quello dei giovani?

Studiare quale sia la percezione che le persone non esperte hanno della scienza serve per comunicarla meglio agli esperti, sia che si occupino direttamente di scienza, sia che ne studino o pratichino la comunicazione: scienziati, insegnanti, giornalisti, scrittori, divulgatori, curatori dei musei, possono trarre interessanti spunti dal sapere come il pubblico dei più giovani si relaziona con la scienza.

Accanto alle forme di scambio interne alle comunità scientifiche, infatti, la comunicazione della scienza al grande pubblico avviene attraverso canali il più delle volte non specialistici. Comprendere come si forma l'immagine della scienza è un modo efficace per mettere in luce questi aspetti e per produrre buona comunicazione. Negli ultimi anni, nell'ambito degli studi della scienza, è emerso sempre più frequentemente il bisogno di partire dall'analisi di come questa viene percepita sia dagli esperti sia dai non esperti.

In particolare, l'immagine dello scienziato è utilizzata da molti autori come indicatore dell'accettazione sociale della scienza, delle prassi e delle ricadute di questa. La rappresentazione sociale della sua figura, del suo ruolo, degli obiettivi, dei metodi e dei risultati della ricerca che conduce è costituita inoltre dalle credenze individuali e collettive che filtrano nella società: credenze che riguardano, di volta in volta, il significato della conoscenza, della tecnologia, del potere a essa legato.

Studiare la figura dello scienziato serve a comprendere quanto le persone ritengano probabile che la scienza abbia un ruolo nella loro vita, a livello professionale come nell'accrescimento della salute e del benessere, a livello culturale e formativo come nell'affrontare problemi globali. Per questo, indagare come il pubblico giovane immagina, rappresenta e giudica la comunità degli scienziati è sempre più al centro dell'interesse di molti studi accademici e progetti finanziati dalla Comunità Europea.

Fino a oggi, la maggior parte degli studi sulla percezione della scienza da parte del pubblico giovane è nata nell'ambito dell'educazione formale ed è stata finalizzata all'ottimizzazione dell'insegnamento scolastico. Molte di queste ricerche si sono concentrate sulla misurazione della conoscenza di concetti scientifici da parte dei ragazzi, come i progetti *Pisa – Program for International Students Assessment*[1], e *Timss – Trends in International Mathematics and Science Studies*[2], rilevazioni su scala mondiale di cosa sanno gli studenti di scienze e matematica.

Qui di seguito presentiamo schematicamente alcune ricerche che, a livello nazionale, europeo e internazionale, si sono occupate della percezione della scienza e degli scienziati in ambito non esclusivamente scolastico:

1. l'ultima edizione dell'Eurobarometro su *Europei, scienza e tecnologia*, significativa per un inquadramento generale sull'argomento.

2. *Rose – The Relevance of Science Education*, una rilevazione di come i ragazzi di quindici anni percepiscono la scienza in quaranta paesi sparsi in tutto il mondo.

3. *Gapp – Gender Awareness Participation Process*, un progetto europeo finalizzato allo studio delle differenze di genere in relazione alle carriere scientifiche.

4. *Sedec – Science Education for the Development of European Citizenship*, un progetto europeo che studia la partecipazione di studenti e insegnanti al dialogo fra scienza e società.

5. *Dessine-moi un scientifique*, un progetto dell'*Espace des Sciences* di Parigi e dell'Accademia delle scienze francese.

---

[1] http://www.oecd.org/pages/0,3417,en_32252351_32235731_1_1_1_1_1,00.html
[2] http://timss.bc.edu

6. *Immagini pubbliche della scienza*, una ricerca italiana sui pubblici della scienza.

7. *Giovani e scienza in Italia tra attrazione e distacco*, uno studio degli atteggiamenti verso la scienza dei giovani dai 18 ai 25 anni.

8. L'indagine annuale della Società italiana di pediatria sugli adolescenti, che inquadra alcuni comportamenti generali che hanno influenza anche sulla loro percezione della scienza.

9. *Le immagini e le pratiche della scienza nei libri di testo della scuola primaria e della scuola secondaria di primo grado*, che ricava una mappa di come la scienza, la tecnologia e i loro valori sono rappresentati nei libri di testo.

10. *La visione della scienza costruita nella scuola*, un'indagine sull'immagine della scienza che hanno gli studenti della scuola secondaria superiore curata dall'Associazione Nazionale Insegnanti di Scienze Naturali.

Europei, scienza e tecnologia
Special Eurobarometer 224 / Wave 63.1

http://ec.europa.eu/public_opinion/archives/ebs/ebs_225_report_en.pdf

http://ec.europa.eu/public_opinion/archives/ebs/ebs_224_report_en.pdf

La cittadinanza europea ripone grande fiducia nella scienza e nella tecnologia. L'atteggiamento che gli europei hanno mostrato nel 2005, data della rilevazione alla quale si riferisce la versione dell'Eurobarometro qui proposta, rivela una

percezione molto positiva e ottimista di ciò che possono effettivamente fare per l'umanità in termini di ricerca medica, miglioramento della qualità della vita, nonché opportunità per le generazioni future.

L'87% degli intervistati ha affermato che la scienza e la tecnologia hanno migliorato la qualità della loro vita, mentre il

77% è del parere che anche le generazioni future continueranno a beneficiarne.

Fiducia e scetticismo convivono però nell'idea di scienza: mentre alla domanda *Il progresso scientifico e tecnologico aiuterà a curare malattie quali l'Aids, il cancro, ecc.?* risponde positivamente l'88%, le risposte favorevoli a *I benefici della scienza sono maggiori degli effetti pericolosi che potrebbe avere?* si riducono al 52%. L'ammirazione per la capacità di portare risultati strabilianti nel miglioramento della qualità della vita di chi fa scienza si scontra infatti col senso di perdita del controllo, di rischi potenziali e pericoli inattesi.

Cosa si intende per scienza nei 25 stati europei che sono stati coinvolti nell'indagine nella prima metà del 2005? In una scala da 1 a 5, la medicina è al primo posto (4,6), seconda la fisica (4,4) e terza la biologia (4,2), seguite dall'astronomia (4,1), dalla matematica (4,1) e dalla psicologia (3,6), che si posiziona però poco lontano dall'astrologia (3,1).

Negli ultimi anni l'interesse complessivo degli europei verso la scienza e la tecnologia è diminuito: nella prima edizione dell'Eurobarometro, nel 1992, si dichiarava molto interessato alla scienza il 45% del campione, mentre nel 2005 la percentuale è scesa al 35%.

La rilevazione del 2005 conferma quanto sia sbagliata l'idea che a essere più ostile agli sviluppi scientifici sia il pubblico più ignorante di scienza e tecnologia. Al contrario, è molto bassa la correlazione tra la conoscenza degli argomenti scientifici e un atteggiamento favorevole nei loro confronti.

La scienza non si trova comunque su un'isola sperduta: l'opinione pubblica sull'argomento è influenzata anche dal livello di fiducia nella politica. Lo dimostra il fatto che chi confida di più nella scienza e nella tecnologia non è tanto chi è consapevole di questioni specifiche legate a questi temi, quanto i *generalisti*, coloro che dichiarano il loro interesse per molteplici tematiche sociali, tra le quali spicca la politica.

Infine, i media giocano un ruolo fondamentale nella formazione dell'idea di scienza degli europei: nelle risposte alla domanda *Quali pensi che siano le persone e i gruppi sociali coinvolti nella scienza e nella tecnologia ad avere un effetto sulla società, sia positivo che negativo?,* si confermano al primo posto gli scienziati; mentre la televisione, la radio e i giornali precedono non solo i gruppi ambientalisti e l'industria, ma anche le istituzioni nazionali e della Comunità Europea.

ROSE - The Relevance of Science Education

http://www.ils.uio.no/english/rose

L'obiettivo di *Rose* è raccogliere informazioni sulla portata emotiva e sugli atteggiamenti degli studenti nei confronti della scienza e della tecnologia. Coinvolge 40 paesi in tutto il mondo, tra i quali non c'è l'Italia.

Scopo di *Rose* è produrre evidenze empiriche attraverso le quali basare una discussione teorica sulle priorità e sulle possibili evoluzioni nel campo dell'educazione formale, rispettando le differenze tra i paesi partecipanti per incentivarli a una partecipazione democratica alle questioni che riguardano la scienza e la tecnologia. Proprio in questo, il progetto si distingue da rilevazioni ancora più ampie quali *Pisa* e *Timss*, che misurano su scala mondiale il livello di conoscenza degli studenti nelle scienze e nella matematica. Mentre questo tipo di rilevazioni ha infatti un obiettivo di *normalizzare* le conoscenze, *Rose* vuole lavorare sulle differenze e sulle variazioni nella percezione e nelle idee che i giovani studenti hanno della scienza e degli scienziati.

La raccolta dei dati, effettuata tramite un questionario, è cominciata nel 2004, mentre la loro elaborazione è ancora in corso. Ai ragazzi coinvolti nel progetto sono stati sottoposti duecentocinquanta *item,* raccolti in sette sezioni: *le mie esperienze fuori dalla scuola, cosa voglio imparare su, il mio futuro lavoro, io e l'ambiente, le mie lezioni di scienze, la mia opinione sulla scienza e la tecnologia, io scienziato,* quest'ultima a domanda aperta. Il grado di accordo dei ragazzi a questi stimoli è stato raccolto su una scala Likert a 4 punti, da accordo a disaccordo, da sempre a mai.

I primi risultati mostrano un atteggiamento molto positivo nei confronti dei temi di scienza e tecnologia su molteplici fattori, quali la possibilità di trovare cure a malattie ora inguaribili come il cancro e l'Aids, la possibilità di arricchire il mondo del lavoro e incrementare le possibilità occupazionali, la prevalenza degli effetti benefici della scienza rispetto a quelli dannosi per l'umanità. Enfasi maggiore sui fattori positivi viene dai ragazzi dei paesi più poveri, gli stessi che affermano di vedere la professione di scienziato nel loro futuro. Al contrario, nei paesi più ricchi il livello di accordo all'affermazione *Vorrei diventare uno scienziato* è estremamente basso, soprattutto fra le ragazze.

Sulle tematiche ambientali, elemento centrale del progetto, l'impressione è di un coinvolgimento moderato dei ragazzi, più che delle ragazze. La loro preoccupazione esiste, ma non è stringente, fiduciosi che comunque, in futuro, si troverà una soluzione anche a questi problemi.

GAPP - Gender Awareness Participation Process

http://www.gendergapp.eu

Gapp è un progetto europeo che ha l'obiettivo di integrare un processo di ricerca sociale con lo sviluppo di nuove pratiche partecipative per incentivare l'avviamento alle carriere scientifiche i giovani e in particolare le ragazze. Punto di partenza è la comprensione degli atteggiamenti degli adolescenti di 15 e 16 anni verso la scienza, la tecnologia e le figure dello scienziato e del tecnologo. Per questo, in ciascuno dei sei paesi europei partecipanti, è stato sviluppato un disegno di ricerca qualitativa articolato in otto focus group con studenti, insegnanti e genitori e dieci interviste in profondità a scienziati, amministratori e professionisti nel campo della scienza e della tecnologia.

Fra i primi risultati, emerge una sostanziale uguaglianza fra maschi e femmine nelle capacità di fare carriera o di diventare buoni ricercatori. Si conferma la propensione dei ragazzi verso le scienze dure e l'informatica e delle ragazze verso le scienze della vita.

In prospettiva storica, nell'ambito scientifico è molto calato il livello di pregiudizio anche solo rispetto a qualche decennio fa. Emerge invece la consapevolezza delle difficoltà che permangono nella società e che producono un serio svantaggio delle donne rispetto agli uomini: la carriera scientifica o tecnologica, almeno ai livelli più alti, implica una dedizione che ostacola la vita familiare. Soltanto cambiamenti strutturali possono portare a un maggiore equilibrio, con interessanti differenze anche fra i paesi europei coinvolti nella ricerca.

SEDEC - Science Education for the Development of European Citizenship

http://sedec.osu.cz

D. Gouthier, P. Rodari, *Saints, devils, madmen or just professionals?*, Springer, Dordrecht (in corso di pubblicazione)

Sedec è un progetto europeo articolato su tre obiettivi:

1. analizzare i rapporti e le possibili sinergie tra insegnamento delle scienze, cittadinanza e identità europea,
2. incentivare e orientare le scuole all'utilizzo di fonti esterne quali musei e istituti di ricerca,
3. produrre materiali didattici e protocolli per stimolare la partecipazione di studenti e insegnanti al dialogo fra scienza e società.

Punto di partenza è una ricerc-azione che ha coinvolto i bambini delle scuole elementari, i ragazzi delle medie e gli insegnanti dei sette paesi coinvolti.
Alla richiesta di disegnare *una persona che fa scienza*, bambini e ragazzi hanno raffigurato l'immagine stereotipata dello scienziato, un uomo bianco, in camice e con gli occhiali, accanto a un bancone da chimico o biologo, provvisto di provette fumanti. La stessa immagine diffusa da cartoni animati, fumetti, libri di divulgazione, film e serie televisive. Anche le donne possono fare scienza: la media dei disegni di figure femminili è del 25%, curiosamente vicina alla percentuale di donne che in Europa lavorano in questo ambito. Le maggiori speranze che i giovani, ma anche

gli insegnanti, ripongono nella scienza riguardano il progresso in campo medico e la possibilità di trovare cure a malattie ora inguaribili.

Ciò che emerge con grande evidenza è il fatto che rimanga ancora molto da fare nel comunicare ai giovani un'immagine dello scienziato più diversificata e realistica e nel renderli più consapevoli dell'impatto della scienza e della tecnologia nella nostra società.

Dessine-moi un scientifique

O. Lafosse-Marin, M. Laguës (a cura di) (2007) *Dessine-moi un scientifique*, Editions Belin, Parigi

Oltre 500 bambini delle scuole elementari francesi sono stati coinvolti in questa ricerca dall'ESPCI di Parigi che richiedeva loro di disegnare una persona che fa scienza. Ogni ritratto è accompagnato da una breve descrizione che ciascun bambino ha scritto immediatamente dopo aver fatto il disegno.

Dai disegni dei bambini francesi emerge un personaggio ricco di talento e *humour*, che tiene conto della ricerca come mestiere e delle aspettative che ciascuno di noi vi riversa; che comprende tanto gli uomini quanto le donne, in uno scenario più aperto e variegato di quella che è la realtà scientifica europea. I bambini sanno riprodurre elementi che hanno osservato o che comunque conoscono, combinando una visione chiara e *oggettiva* a un'evocazione fantasiosa e *mitica* della figura dello scienziato. È interessante come i disegni – la loro qualità e i loro contenuti – siano fortemente indipendenti dalla cultura d'origine e dalla formazione scientifica dei bambini che li realizzano. A conferma che sotto gli occhi del bambino si sviluppa un'immagine ricca di archetipi e non deformata dall'educazione istituzionale che il bambino ha ricevuto.

Nei disegni dei bambini, i mestieri scientifici sono mestieri per tutti, sia che vengano rappresentati come attività solitarie sia che vengano caratterizzati nettamente come lavoro d'*équipe*. Ma sono mestieri reali, *veri*: con i rischi e i pericoli, con l'immaginazione e il ragionamento, con l'abilità e l'ingegno, col tentativo e con l'esperimento, col dialogo e le ipotesi, con le discussioni e la modellizzazione. Insomma, emerge una consapevolezza forte di quelli che sono gli strumenti – concreti o astratti che siano – che una persona che fa scienza deve avere. E non importa che si tratti di un uomo o di una donna, di un giovane o di un vecchio, di un lavoratore sicuro di sé o piuttosto impacciato.

Immagini pubbliche della scienza

A. Valente (a cura di) (2006) *La scienza dagli esperti ai giovani e ritorno*, Biblink, Roma

La fitta rete di relazioni che intercorrono tra scienza, tecnologia e società costituisce l'opinione pubblica in tema di scienza e di tecnologia.

È sotto gli occhi di tutti che le relazioni tra l'opinione pubblica – ossia ciò che pensano e immaginano le persone comuni – e la diffusione della scienza e della tecnologia sono fortemente dinamiche. Le decisioni di politica scientifica – o meglio di politica influenzata dalla scienza – sono prese da attori che avvertono gli atteggiamenti, le rappresentazioni del rischio, le credenze diffuse nella popolazione. Dal nucleare, agli ogm, dalla clonazione all'aviaria, le interazioni tra opinione pubblica e decisori in merito alla scienza sono sempre più frequenti. D'altra parte ciò che le persone pensano della scienza e della tecnologia non influenza solo le decisioni politiche. Poiché immagini e credenze orientano i comportamenti sociali ed economici, queste sembrano condizionare direttamente le linee della ricerca scientifica, l'ammontare dei finanziamenti, le vocazioni universitarie verso o contro le scienze. C'è fiducia nelle tecnologie, in quanto aumentano la speranza di vita, ma ce n'era meno (nel 2000, quando la ricerca è stata condotta) per le tecnologie dell'informazione. Le icone dell'immateriale – internet e il cellulare – anzi sono offuscate dai problemi del telelavoro e dell'*e-commerce*, delle onde elettromagnetiche e delle nuove piraterie.

La tecnologia, per gli italiani intervistati in questa ricerca, è l'interfaccia della scienza e non si tratta sempre di un'interfaccia amichevole, affidabile e apprezzata.

Giovani e scienza in Italia tra attrazione e distacco

M.C. Brandi et al. (giugno 2005) *Giovani e scienza in Italia tra attrazione e distacco*, Jcom 4(2)

Molto interessati alla scienza e tecnologia, ma poco propensi a fare gli scienziati. È il risultato che emerge da un sondaggio effettuato nel 2004 dall'IRPPS, l'Istituto di ricerche sulla popolazione e le politiche sociali del CNR, un'indagine campionaria sui giovani tra i 18 e i 25 anni in Italia.

Il loro interesse sui temi scientifici si concentra in particolare sui mezzi di comunicazione (77%), sulla medicina (67%), e in misura minore sulla storia e l'economia (51% e 46%), mentre la fruizione dei contenuti scientifici e tecnologici avviene in misura preponderante attraverso la televisione (63%), seguita dai periodici specializzati (27%) e dalla stampa (22%). Sorprende che internet ottenga solo il 10%. Il modo in cui viene comunicata la scienza oggi è considerato positivamente: più di cinque ragazzi su dieci considera i contenuti scientifici sui media *abbastanza chiari*. Non è ritenuta altrettanto positiva la qualità della formazione scientifica, soprattutto se messa in relazione alle attuali necessità del mondo del lavoro.

La figura dello scienziato è quella di una persona curiosa e altruista, piuttosto socievole, spesso stravagante, ma affidabile e saggia. La motivazione che guida la scelta di diventare scienziati è innanzitutto la *curiosità intellettuale* (38%), ma il *desiderio di aiutare gli altri* (24%) e *l'essere portati naturalmente* (23%) hanno un discreto peso.

Mentre una percentuale molto alta di ragazzi ritiene che per diventare scienziati *si debbano fare molto sacrifici* (88%), altrettanti pensano che *ne valga la pena* (89%), evidenza che non indica però l'intenzione da parte degli intervistati di percorrere personalmente questa strada. Al contrario, appare più una dichiarazione di principio sul fatto di considerare la scienza come un'attività sociale molto positiva piuttosto che di esserne gli attori in prima persona.

Molto significativa anche per comprendere la scelta di non intraprendere una carriera scientifica è la percezione di quanto lo Stato spenda in ricerca scientifica: il 73% afferma che lo stato spende *poco*. Meno netta è invece l'opinione sugli investimenti privati (47%). Questo dato è da incrociare con la risposta alla domanda su *chi dovrebbe finanziare prevalentemente la ricerca scientifica?*: i giovani si esprimono nettamente in favore del settore pubblico (84%) rispetto a quello privato (15%).

A completare l'idea che gli intervistati hanno della scienza come istituzione sono da considerare i fattori legati al mondo del lavoro. Le scienze fisiche e naturali sono quelle che secondo i giovani danno minori possibilità di occupazione (8%), ben al di sotto delle lauree in ingegneria e tecnologia (55%), ma anche delle scienze socio-economiche (21%) e di una formazione umanistica (14%).

Importante è infine il ruolo che gli scienziati stessi devono avere nella comunicazione della scienza: l'86% dei giovani intervistati pensa che *la scienza per perseguire i suoi obiettivi debba occuparsi anche di comunicare i suoi risultati alla società*.

Abitudini e stili di vita degli adolescenti italiani
Rapporto dell'indagine 2006 della Società Italiana di Pediatria

http://www.sip.it/documenti/osservatoriobam/commento_risultati_indagine_2006.pdf

Obiettivo dello studio annuale della Società di pediatria sugli adolescenti è indagare il rapporto tra questi e i media (televisione e internet), ma anche di studiare ambiti quali il desiderio di sentirsi adulti e i comportamenti a esso connessi: l'affettività e la sessualità, la percezione del rischio e le ragioni per le quali si attuano comportamenti a rischio (fumo, alcol, droga), il bullismo.

Particolarmente interessante in questo contesto sono i dati riguardanti l'uso di internet e della televisione, così come le conseguenze sui comportamenti legati al consumo televisivo.

Riguardo a internet, il cui collegamento è presente ormai in circa l'80% delle case degli adolescenti intervistati, ciò che aumenta significativamente rispetto allo scorso anno è il consumo: mentre il 49% dei ragazzi dichiara di navigare *una volta ogni tanto*, il 22% usa la rete *tutti i giorni*, con un aumento di più di dieci punti percentuali rispetto al 2005. Cambia anche l'utilizzo, che appare meno orientato alla ricerca di informazioni e più dispersivo: la maggior parte dei ragazzi naviga per *scaricare musica, immagini, video* (75%) e *cercare informazioni specifiche* (70% nel 2006, 81% nel 2005); *chat* e *posta elettronica* hanno un utilizzo più limitato (42% e 37%), mentre *navigare senza una meta precisa* cresce dal 25% nel 2005 al 36% nel 2006.

Dichiara di guardare la televisione meno di un'ora al giorno il 14% degli intervistati, fra un'ora e tre il 59,2% e più di tre il 26%. Tra i grandi fruitori di televisione, si nota da un lato la minor predisposizione a considerare come rischiose alcune azioni e, dall'altro, la maggior predisposizione ad adottare comportamenti da loro giudicati rischiosi. Così come si conferma una maggiore tendenza al fumo e all'alcol e una maggiore continuità con la droga. Si verificano differenze significative anche negli atteggiamenti: chi guarda più di tre ore di tv al giorno vorrebbe essere e apparire più adulto di chi ne guarda meno di una, vorrebbe essere più magro e più bello, in caso di dieta è più portato al *fai da te*. Ha un rapporto più rarefatto con i genitori, ne sente meno la mancanza, si rivolge meno a loro per consigli o per denunciare atti di bullismo, soffre maggiormente le regole familiari, si sente più solo e più triste, si considera molto più informato sul sesso, imita molto di più i comportamenti e gli atteggiamenti dei personaggi televisivi ed è molto più influenzato e attratto dalla pubblicità.

Le immagini e le pratiche della scienza nei libri di testo della scuola primaria e della scuola secondaria di primo grado

http://www.zadigroma.it/pdf/il%20Rapporto.pdf

Presupposto di questo studio sui libri di testo delle scuole primarie e secondarie di primo grado è la loro importanza come strumento di iniziazione alla scienza e alla tecnologia.

La letteratura scolastica, inoltre, è considerata uno specchio piuttosto fedele dell'atteggiamento che la società sviluppa nei confronti della scienza e della tecnologia, in quanto raccoglie tendenze e interessi di autori ed editori che scelgono gli argomenti e i modi di trattarli nella contemporaneità.

Il gruppo di studio che si è occupato della ricerca ha selezionato un campione di quindici testi per le scuole primarie e di dieci testi per le scuole secondarie di primo grado.

Fra i risultati più rilevanti emerge come i problemi sulla natura e i valori della scienza siano trattati in modo abbastanza superficiale nei libri di testo. Si tratta di elementi che richiedono infatti una certa consapevolezza epistemologica e socioculturale, componenti normalmente assenti o deboli nella formazione dei docenti.

Gli autori dei vari testi, sia alle medie che alle elementari, tendono a costruire una visione scientifica basata sull'idea della comprensibilità del mondo che si trova alla base della ricerca scientifica.

Sono meno presenti e presentati in maniera meno efficace i valori relativi alla solidità e alla dinamicità della conoscenza scientifica. Si tende in sostanza a proporre una scienza come forma di conoscenza fondata sulla ragione, ma sostanzialmente statica.

Soprattutto nei testi di scuola elementare vengono trascurati la dimensione storica della scienza, il modo in cui si è evoluta la figura dello scienziato e l'idea della scienza come costruzione continua. Più che la dimensione del fare scientifico viene sviluppata la descrizione dei suoi prodotti. Solo in tre dei quindici sussidiari esaminati viene esplicitata l'azione creativa dello scienziato, spesso presentato come persona che ha tutte le risposte sempre pronte.

La dimensione relativa al metodo scientifico è presente ma non ben rappresentata. Generalmente non emerge in modo significativo che la conoscenza scientifica è costituita da teorie corroborate da prove di fatto, né l'idea di indagine e ricerca. Le teorie scientifiche vengono in genere proposte come qualcosa di assoluto, fatti che lasciano pensare a un apprendimento delle scienze basato prevalentemente sulla memorizzazione di informazioni, descrizioni, enunciati.

Poco presente e spesso trattata in maniera poco soddisfacente è la dimensione della scienza come impresa sociale: raramente emerge l'immagine di una scienza strettamente collegata alla realtà sociale, economica, politica dell'epoca e del luogo in cui si sviluppa.
Grandi assenti sono i temi legati all'informazione e alla comunicazione.

La visione della scienza costruita nella scuola

T. Mariano Longo (2003) *Scienze, un mito in declino?*, Bollettino ANISN

T. Mariano Longo (2007) *La visione della scienza costruita nella scuola*, bollettino ANISN

La crisi delle vocazioni scientifiche sembra accomunare molti paesi del mondo, in particolare molti paesi ricchi di risorse economiche e di ricerca. Sembra che i giovani, soprattutto occidentali, non vogliano perseguire studi e professioni scientifiche.
E questo è un problema sul piano dello sviluppo sociale, culturale ed economico.
L'ipotesi della ricerca dell'ANISN (Associazione Nazionale Insegnanti Scienze Naturali) è che la crisi nasca da un diverso atteggiamento dei giovani. Non si tratta solo di problemi riguardanti i sistemi educativi, di occupazione e di fluttuazione della domanda e dell'offerta di *nuovi* lavori. Ma si tratta piuttosto di un nuovo modo di vedere la scienza dei giovani, più sospettoso e meno fiducioso, ma forse anche più consapevole.
Si sono radicate convinzioni che vedono le facoltà scientifiche non come facoltà *per il popolo* pur essendo aperte a tutti, ma come facoltà nelle quali sono richieste attitudini e *intelligenze* particolari, che riguardano *pochi eletti*. Si è anche affievolita la spinta del sogno di partecipare allo sviluppo di un mondo moderno.
Uno dei paradossi dell'atteggiamento dei giovani riguarda le ragazze, che sono sempre più numerose nella scuola e sempre

più di frequente ottengono risultati migliori, con un percorso di studio meno accidentato, anche nelle discipline scientifiche. Eppure, gli stereotipi, le convinzioni e i gusti sembrano non cambiare: le ragazze non scelgono le facoltà scientifiche (solo il 10% lo fa) né quelle ingegneristiche (7%). E così, mentre le donne sono in maggioranza in tutti i corsi di laurea, in questi due sono rispettivamente il 29% e il 19%.

Lasciando la questione di genere per uno sguardo più ampio, emergono due problemi generali: gli studi scientifici sono percepiti come più duri e selettivi; e soprattutto la scuola italiana è meno organizzata di altre scuole europee ma non solo, nel fornire un orientamento adatto a buone scelte. E così sono frequenti percorsi di studio (scientifici) che si prolungano eccessivamente.

Infine, non va sottovalutato un problema al macro-livello: quello italiano è un modello di sviluppo che non si basa sul contributo di una forza lavoro altamente qualificata, dà poca importanza all'innovazione, non ne attribuisce alcuna alla scienza e alla tecnologia e investe poco per il futuro. Mentre la scienza è di per sé un investimento per il futuro.

Ringraziamenti

Nella primavera del 2002, al Master in Comunicazione della Scienza della Sissa, Irene Cannata, un'insegnante di fisica che partecipava a un seminario sui linguaggi della scienza, ci ha proposto di studiare come i giovani, bambini e adolescenti, vedono la scienza. Infatti, sulla base della sua esperienza era convinta che molto presto si formano convinzioni, atteggiamenti e aspettative che hanno ricadute sulle scelte di tutta la vita.

La proposta di cominciare uno studio sull'argomento è stata fortemente supportata, anche finanziariamente, dal gruppo di ricerca Ics, Innovazioni nella Comunicazione della Scienza. In particolare Pietro Greco e Nico Pitrelli hanno incoraggiato il nostro lavoro. Stefano Fantoni ha creato il clima di fiducia intorno a tutta la ricerca in comunicazione della scienza e in particolare alla nostra. Gli incontri del gruppo Ics sono serviti a discuterla. Ringraziamo tutti per il fondamentale contributo al disegno e ai contenuti.

Irene Cannata, Federica Pozzi e Viviana Codemo hanno lavorato a diretto contatto con i bambini e contribuito all'elaborazione dei risultati.

Ringraziamo particolarmente le scuole e le maestre delle classi che ci hanno ospitato: Scuola elementare Giovanni Falcone di Assago (Mi), maestra Paola Reali; Scuola elementare Cardinal Ferrari di Milano, maestra Giuliana Galli; Istituto comprensivo di Via Giulia a Roma, maestra Anna Buffacchi; Scuola elementare Mameli, Palestrina (Rm), maestra Dora Mosca; Istituto comprensivo Fiorelli, Napoli, maestro Sergio Delli Carri; Scuola elementare Giovanni da Palestrina, Modena, maestra Franca Ferri; Scuola elementare Martiri per la libertà, Budrione di Carpi (Mo), maestra Cristina Alberini; Scuola elementare S. Anna, Verbania, maestra Serafina Rolandi.

Ringraziamo Federico Guarnieri per aver letto, commentato e migliorato il questionario rivolto ai ragazzi.

La compilazione del questionario è stata possibile grazie ai professori: Anna Maria Abatianni di Tricase (LE), Carlo Andreatta di Mirano (VE), Gabriella Aprilini di Roma, Anna Paola Benedetti di Bologna, Patrizia Betti di Piacenza, Mario Brambilla di Jesi (AN), Marina Cappucci di Terracina (LT), Claudio Casali di Forlì, Pasquale Catone di Caserta, Paolo Cavallo di Imola (BO), Licia Cianfriglia di Palestrina (Roma), Carmelita Colangelo di Roma, Maria Luisa D'Eugenio di Cascina (PI), Maddalena Falanga di Pordenone, Nicola Falce di Controne (SA), Maurizio Foligno di Melfi (PZ), Antonio Gandolfi di Parma, Marinella Garzini di Crema, Pier Luigi Giorgi di Massa, Annamaria Gismondi di Empoli, Elena Joli di Cesena, Claudia Landoni di Arma di Taggia (SP), Marco Lazzini di Massa, Giovanni Libro di Feltre (BL), Roberto Lisotti di Pesaro, Laura Maffezzoli di Verona, Monica Menesini di Lucca, Anna Cristina Mocchetti di Rho (MI), Franco Mollo di Cosenza, Franco Nuzzi di Bari, Lucia Pahor di Staranzano (GO), Enrico Pappalettere di Pisa, Laura Parenti di Verona, Sergio Pizzigalli di Bergamo, Manuela Placucci di Cesena, Franco Privitera di Belluno, Maria Quattrone di Reggio Calabria, Anna Rambelli di Trieste, Franco Rubino di Foggia, Marco Russo di Pomezia (Roma), Giuliana Sartori di Padova, Vittoria Sofia di San Bonifacio (VR), Luigi Spagnolo di Maglie (LE), Maria Valeria Sucato di Motta di Livenza (TV), Linda Tagliabue di Cesano Maderno (MI), Francesca Toxiri di Cagliari, Vittorio Zorzetto di San Lazzaro di Savena (BO).

L'elaborazione dei dati è stata eseguita da SWG, Trieste. Irene Cannata ha contribuito a collegare i risultati emersi dai bambini a quelli dei ragazzi.

La ricerc-azione *Scienza in famiglia* è stata fatta con Robert Ghattas, Rachele Barchiesi, Lucia Leonbruno, Emilia Franchini, Pietro Danise, Cristina D'Addato. Ed è stata realizzata in collaborazione con l'Associazione Scienza Under 18, che ha anche co-gestito le interviste agli insegnanti.

Silvia Camurri, Vincenza Bellani, Federica Pozzi, Emilia Franchini, Pinuccia Samek hanno intervistato gli insegnanti. Un ringraziamento va a tutti e 50 gli intervistati che ci hanno raccontato della loro esperienza scolastica e dell'immagine che i loro studenti hanno della scienza e dello scienziato. Luciano Celi ed Eleonora

Cossi hanno contribuito all'analisi delle interviste con il loro lavoro di tesi al Master in Comunicazione della Scienza della Sissa.

Grazie anche a Emilio Balzano, Luigi Amodio, Enrico Miotto, Ilaria Vinassa de Regny, Pietro Cerreta, Maria Bertolini, Walter Bielli per avere partecipato con la loro testimonianza alla costruzione di un punto di vista diverso sul mondo dei giovani visitatori dei musei.

Simona Regina, Marina Sbisà e Marina Tommasini hanno collaborato a una parte della ricerca ancora in elaborazione sui libri di divulgazione per i bambini dai 4 ai 12 anni.

Noi due ringraziamo particolarmente, per la professionalità e l'umanità, Yurij Castelfranchi, Vincenza Pellegrino e Paola Rodari.

Bibliografia[1]

P. Borgna (2001) *Immagini pubbliche della scienza*, Edizioni di Comunità, Torino [p. 5]

Special Eurobarometer 224/Wave 63.1 (2005) *Europeans, Science and Technology*. Brussels: European Commission DG Research [p. 5]

C. Marris et. al. (2001) *Public Perceptions of Agricultural Biotechnologies in Europe* [p. 6]

G. Gaskell, M. Bauer (2001) *Biotechnology - 1996-2000 The years of controversy*, Science Museum, London, 2001, p. 78 [p. 6]

OST, *Science and the Public - A Review of Science Communication and Public Attitudes to Science in Britain*, Wellcome Fund: http://www.wellcome.ac.uk/en/1/mismiscnepubpat.html [p. 6]

Science and Engineering Indicators, prodotti dalla National Science Fundation: http://www.nsf.gov/sbe/srs [p. 6]

N. Pitrelli, F. Manzoli, B. Montolli (2006) *Science in Advertising: Uses and Consumption in the Italian Press*, in: *Public Understanding of Science*, Vol. 15, No. 2, 207-220 [p. 6]

M. Merzagora (2006) *Scienza da vedere*, Sironi, pp. 26-30 [p. 6]

D. Sperber (1999), *Il contagio delle idee - Teoria naturalistica della cultura*, Feltrinelli, Milano [p. 6]

R. Dawkins (1992) *Il gene egoista*, Mondadori, Milano [p. 6]

M. Bucchi (2002) *Scienza e società*, Il Mulino, Bologna, p. 138 segg. [p. 6]

N. Pitrelli (2003) *La crisi del "Public Understanding of Science in Gran Bretagna"*, JCOM 2(1) [p. 6]

Y. Castelfranchi (2002) *Scientists to the streets -Science, politics and the public moving towards new osmoses*, JCOM 1(2) [p. 6]

J. Turney (2000), *Sulle tracce di Frankenstein*, Edizioni di Comunità, Torino [p. 7]

V. Propp (1966-2000), *Morfologia della fiaba*, Einaudi, Torino [p. 7]

C. Lévi-Strauss (1960) *La Structure et la Forme. Réflexions sur un ouvrage de Vladimir Propp*, Cahiers de l'Institut de Science Economique Appliquée, serie M, n.7, marzo 1960; ed. it. in V. Propp, op. cit. [p. 7]

M. Cellini (1999) *La sindrome di Prometeo*, Rusconi, Milano [p. 9]

Y. Castelfranchi (2000) *Macchine come noi*, Laterza, Roma-Bari [p. 13]

---

[1] I riferimenti bibliografici sono elencati in ordine di apparizione e in fondo a ciascun riferimento è indicata la pagina relativa.

Il solito Albert e la piccola Dolly

G. Alliney (a cura di) (1987) *Gli occultisti*, Garzanti, 1951, pp. 82-83. Citato in M. Minsky, *La robotica*, Longanesi [p. 13]

P. Rossi (1997) *La nascita della scienza moderna in Europa*, Laterza, Roma-Bari [p. 15]

M. Berman (1985) *L'esperienza della modernità*, Il Mulino, Bologna, p.15, cit. in: J. Turney, op. cit. [p. 15]

B. Lightman (2000) *Marketing knowledge for the general reader: Victorian popularizers of science*, Endeavour, Vol. 24 (3), p. 101 [p. 17]

J.R. Topham (2000) *Scientific Publishing and the Reading of Science in Nineteenth-Century Britain: A Historiographical Survey and Guide to Sources*, Stud. Hist. Phil. Sci, Vol. 31, N.4, p.559-612; D.M. Knight [p. 17]

F. Manzoli (1998) *Divulgazione o finzione? La clonazione rappresentata sui quotidiani*, tesi di laurea, Università degli Studi di Siena [p. 18]

A. Delfanti (2007) *Le vacanze del dott. Venter. Il Sorcerer II e la comunicazione pubblica delle biotecnologie*, tesi di master, Sissa, Trieste [p. 18]

D. Humphry (2000), *Science and social mobility*, Endeavour, vol. 24(4), p. 166 [p. 19]

P.J. Black, A.M. Lucas (eds.) (1993) *Children's informal ideas in science*, Routledge, London and New York [p. 21]

C. Barman (1997) *Students' views of scientists and science: results of a national study*, Science and Children, 35, pp. 18-23 [p. 21]

P. Darbyshire, C. MacDougall, W. Schiller (2005) *Multiple methods in qualitative research with children: more insight or just more?*, Qualitative Research, November 1, 5(4), pp. 417-436 [p. 22]

D. Morgan (1988) *Focus group as qualitative research*, Sage Publications, London [p. 22]

M. Morgan, S. Gibbs, K. Maxwell, N. Britten (2002) *Hearing children's voices: methodological issues in conducting focus groups with children aged 7-11 years*, Qualitative Research, Vol. 2, No. 1, pp. 5-20 [p. 22]

J. Kitzinger (1994) *The methodology of focus groups: the importance of interaction between research participants*, Sociology of Health 16 (1): 103-21 [p. 22]

R.A. Krueger (1998) *Focus Group Kit*, Sage Publications, London [p. 22]

T. Jarvis (1996) *Examining and Extending Young Children's Views of Science and Scientists*, in: L. Parker, *Gender, Science and Mathematics*, pp. 29-40, Kluwer Academic Publishers [p. 22]

T. Jarvis, L. Rennie (2000) *Helping Primary Children Understand Science and Scientists*, SCIcentre, University of Leicester [p. 22]

G.H. Luquet (1927) *Le dessin enfantin*, Neuchâtel, Delachaux et Niestlè [p. 22]

B. Bettelheim (1997) *Il mondo incantato*, Feltrinelli, Milano [p. 22]

M. Mead and R. Métraux (1957) *Image of the Scientist among High-School Students*, Science_ Vol. 126, No. 3270, 30 August, pp. 384-390 [p. 22]

D.W. Chambers (1983) *Stereotypic images of the scientist: The Draw-a-Scientist Test*, Science Education, 67(2), pp. 255–265 [p. 22]

K.D. Finson, J.B. Beaver, R.L. Crammond (1995), *Development of a field test checklist for the draw-a-scientist test*, School, Science and Mathematics, 95(4), pp. 195-205 [p. 22]

A. Bodzin, M. Gehringer (2001) *Breaking science stereotypes*, Science and Children, January, pp. 36-41 [p. 22]

C. Moseley, D. Norris (1999) *Preservice teachers' views of scientists*, Science and Children, 37(1), pp. 50–53 [p. 22]

D. Rock, J. Shaw (2000) *Exploring children's thinking about mathematicians and their work*, Teaching Children Mathematics, 6(9), pp. 550–555 [p. 22]

A.J. Greimas (1984) *Sémiotique figurative et sémiotique plastique*, Actes Sémiotiques. Documents, IV,60, CNRS, Paris [p. 22]

M.W. Bauer (2000) *Classical Content Analysis: a Review*, in: M. Bauer, G. Gaskell, (eds.), *Qualitative Researching with Text, Image and Sound*, London, Sage Publications [p. 22]

C. Barman (1997) *Completing the Study: High School Students' Views of Scientists and Science*, Science and Children, 36(7), pp. 16-21 [p. 45]

R.A. Huber, G.M. Burton (1995) *What do students think scientists look like?*, School, Science and Mathematics, 95 (7), pp. 371-376 [p. 45]

M. Bauer, I. Schoon (1983) *Mapping variety in public understanding of science*, Public Understanding of Science 2, pp. 141-55 [p. 45]

S.B. Withey (1959) *Public opinion about science and scientists*, Public Opinion Quarterly, pp. 382-88 [p. 45]

B. Godin, Y. Gingras (2000) *What is scientific and technological culture and how is it measured? A multimedial model*, Public Understanding of Science 9, pp. 43-58 [p. 45]

G. Raza, S. Singh, B. Dutt (2002) *Public, science and cultural distance*, Science Communication, 23(3), pp. 293-309 [p. 45]

J.D. Miller (1983) *Scientific literacy: A conceptual and empirical review*, Daedalus, Spring, pp. 29-48 [p. 45]

J.D. Miller (1998) *The measurement of civic scientific literacy*, Public Understanding of Science, pp. 203-23 [p. 47]

H.S. Kim (2004) *South Korean youths' impressions of the scientist: a national survey analysis*, PCST International Conference
http://www.pcst2004.org [p. 56]

Eurobarometer 55.2 (2001) *Europeans, science and technology*, Public Opinion Analysis, European Commission [p. 56]

J. Durant, M. W. Bauer, G. Gaskell et al. (2000) *Industrial and post-industrial public understanding of science*, in: M. Dierkes, C. von Grote (eds.), *Between understanding and trust: the public science and technology*, Reading, UK: Harwood [p. 69]

E. R. Munro, L. Holmes, H. Ward (2005) *Researching Vulnerable Groups: Ethical Issues and the Effective Conduct of Research in Local Authorities*, Br. J. Sco. Work, October 1, 35(7), pp. 1023-1038 [p. 69]

J. Durant, G. Evans, G. Thomas (1989) *The public understanding of science*, Nature, 340, pp. 11-14 [p. 69]

L. Whitmarsh, S.Kean, C.Russell, M. Peacock, H.Haste (2005) *Connecting Science, What we know and what we don't know about science in society*, British Association for the Advancement of Science [p. 69]

J.D. Miller (2004) *Public understanding of, and attitudes toward, scientific research: what we know and what we need to know*, Public Understanding of Science 13, pp. 273-294 [p. 73]

M. Long, G. Boiarsky, G. Thayer (2001) *Gender and racial counter-stereotypes in science education television: a content analysis*, Public Understanding of Science 10, pp. 255-269 [p. 81]

A. Valente, L. Cerbara (2003) *Sguardo di ragazze sulla scienza e i suoi valori*, Aida 1 [p. 81]

M. Gail Jones, A. Howe, M.J. Rua (2000) *Gender differences in students' experiences, interests, and attitudes toward science and scientists*, Science Education, 84, pp. 180-192 [p. 82]

D.C. Fort, H.L. Varney (1989) *How children see scientists: mostly male, mostly white, and mostly benevolent*, Science and Children, pp. 8-13 [p. 84]

S. Pingree, R.P. Hawkins, R.A. Botta (2000) *The effect of family communication patterns on young people's science literacy*, Science Communication, 22(2), pp. 115-132 [p. 87]

L. Massarani, I. de Castro Moreira (2005) *Attitudes towards genetics: a case study among Brazilian high school students*, Public Understanding of Science, 14, pp. 201-212 [p. 89]

U. Beck (2001) *La società globale del rischio*, Asterios, Trieste [p. 89]

S. Giovanardi (2006) *Apriti Cielo: the public's astronomical imagery as a key to evaluate a museum project*, Jcom 5(4), http://jcom.sissa.it [p. 92]

Z. Bauman (1999) *La società dell'incertezza*, Il Mulino, Bologna [p. 105]

D. Gouthier, F. Manzoli (2006) *L'Octs e la ricerca in comunicazione della scienza*, Ulisse, http://ulisse.sissa.it/scienzaEsperienza/misc/l-octs-e-la-ricerca-in-comunicazione-della-scienza [p. 105]

L. Gallino (2006) *Dizionario di sociologia – scienza, sociologia della*, UTET, Torino [p. 105]

C. Pisano (2006) *Il ruolo dell'abduzione nella ricerca sociale*, paper epistemologico di presentazione del dottorato di ricerca in sociologia applicata e metodologia della ricerca sociale http://www.sociologiadip.unimib.it/dipartimento/ricerca/pdfDownload.php?idPaper=126 [p. 106]

D. Silverman (2002) *Come fare ricerca qualitativa*, Carocci, Roma [p. 106]

P.G. Corbetta (1999) *Metodologia e tecniche della ricerca sociale*, Il Mulino, Bologna [p. 106]

UE, *L'insegnamento delle scienze nelle scuole in Europa – il progetto Eurydice: risultati delle ricerche*, http://www.eurydice.org/ressources/Eurydice/pdf/0_integral/081IT.pdf [p. 107]

M. Bucchi (2006), *Scienza e società. Introduzione alla sociologia della scienza*, Il Mulino, Bologna [p. 109]

S. Latouche (1997) *La Megamachina. Ragione Tecnico-scientifica, ragione Economica e mito del Progresso*, Bollati Boringhieri, Torino [p. 114]

P. Bourdieu (2003) *Il mestiere dello scienziato*, Feltrinelli, Milano [p. 115]

B. Latour (1998) *La scienza in azione*, Comunità, Torino [p. 115]

C. Vinti (1999) *Michael Polanyi. Conoscenza scientifica e immaginazione creativa*, Studium, Roma [p. 115]

J. Ziman (1987) *Il lavoro dello scienziato*, Laterza, Roma-Bari [p. 115]

L. Beltrame, M. Bucchi (2007) *Scienza tecnologia e opinione pubblica in Trentino*, risultati del progetto Scienza Tecnologia e Società [p. 116]

Y. Castelfranchi, N. Pitrelli (2007), *Come si comunica la scienza?*, Laterza, Roma-Bari [p. 116]

G. Sturloni (2006) *Le mele di Chernobyl sono buone. Mezzo secolo di rischio tecnologico*, Sironi, Milano [p. 116]

M. Xanathoudaki (ed) (2002) *A place to discover- Teaching science and technology with museums*, Fondazione Museo Nazionale della Scienza e della Tecnologia "Leonardo da Vinci", Milano (versione italiana online: http://www.museoscienza.it) [p. 123]

E. Falchetti, S. Carovita (eds) (2003) *Musei scientifici e formazione scolastica: problemi, risorse, strumenti*, Atti del Convegno, Roma 9-11 novembre 2000 ANMS [p.123]

P. Rodari (2001), *Il museo e la scuola*, in: Musei, sapere, cultura, atti del convegno organizzato da Politecnico di Milano, ICOM, Fondazione Museo Nazionale della Scienza e della Tecnologia, Milano 14-15 maggio e 22-23 ottobre, ICOM Italia [p. 123]

S. Coyaud, M. Merzagora (2000), *Guida ai musei della scienza e della tecnica*, Clup Guide, UTET Libreria srl, Milano [p. 124]

M. Bozzo (2005) *I luoghi della scienza, guida ai musei e alle raccolte scientifiche italiane*, Di Rienzo editore [p. 124]

F. Monza, F. Barbagli (2006) *La scienza nei musei, guida alla scoperta dello straordinario patrimonio museale scientifico italiano*, Orme editori [p. 124]

E. Reale (2002) *I musei scientifici in Italia. Funzioni e organizzazione*, CNR (progetto finalizzato Beni Culturali), Franco Angeli, Milano [p. 124]

AAVV (2006) *Il ruolo dei musei scientifici per lo studio, la documentazione e la diffusione della cultura scientifica*. Atti del convegno ANMS-CNR Roma 2 dicembre 2003, Museologia Scientifica vol 22 n. 1 [p. 124]

Il solito Albert e la piccola Dolly

P. Rodari (2006) *Birth of a science centre. Italian phenomenology*, Jcom 2(5) [p. 125]

E. Hooper-Greenhill (ed) (1994) *The educational role of the Museum*, Routledge [p. 125]

J.H. Falk, L.D. Dierking (1992) *The Museum Experience*, Whalesback, Washington [p. 125]

H. Hein (1990) *The Exploratorium – The Museum as a Laboratory*, Smithsonian Institution [p. 125]

G.E. Hein (1998) *Learning in the Museum*, Routledge [p. 125]

P. Rodari, M. Xanthoudaki (2005) *Beautiful guides. The value of explainers in science communication*, Jcom 04(04) [p. 125]

AAVV (2006) *Musei con l'anima: persone molto speciali tra il pubblico e la scienza*, Ulisse [p. 125]

P. Cerreta (2005) *Putting the phenomena of nature in the hands of children*, in M. Michelini, S. Pugliese Jona (eds.) *Physics Teaching and Learning*, Forum, Udine, 2005, pp. 195-201 [p. 129]

P. Doherty, D. Rathjen (1996) *Gli esperimenti dell'Exploratorium* (Exploratorium Science Snackbook), ed. it. P. Cerreta (a cura di), Zanichelli, Bologna [p. 129]

E. Balzano (2007) *Fare scienza nei contesti formali e informali*, Atti dei Seminari del Piano ISS- MPI-2007 (http://www.siscas.net/iss) [p. 129]

M. Merzagora, P. Rodari (2007) *La scienza in mostra*, Bruno Mondadori Editore, Milano [p. 133]

L.U. Tran, e H. King (2007) *The professionalization of Museum Educators. The case in Science Museums*, Museum Management and Curatorship, 22(2) pp.131-149 [p. 138]

E.B. Bailey (a cura di) (2006) *The professional relevance of Museum Educators. Perspectives from the field*, Journal of Museum Education, 31(3) [p. 138]

P. Rodari (2005) *Il visitatore al potere. Il dibattito contemporaneo sul ruolo dei musei della scienza*, in N. Pitrelli, G. Sturloni (a cura di) *La stella nova*, atti del III Convegno annuale sulla Comunicazione della Scienza, Forlì 2-4 dicembre 2004, Polimetrica [p. 138]

D. Chittenden, G. Farmelo, B.V. Lewenstein (eds) (2004) *Creating Connection – Museums and the Public Understanding of current research*, Altamira Press, Walnut Creek, California [p. 138]

S. Joss, J. Durant (eds) (1995) *Public Partecipation in science – the role of consensus conference in Europe*, Science Museum, Londra [p. 138]

i blu

Passione per Trilli
Alcune idee dalla matematica
R. Lucchetti

Tigri e Teoremi
Scrivere teatro e scienza
M.R. Menzio

Vite matematiche
Protagonisti del '900 da Hilbert a Wiles
C. Bartocci, R. Betti, A. Guerraggio, R. Lucchetti (a cura di)

Tutti i numeri sono uguali a cinque
S. Sandrelli, D. Gouthier, R. Ghattas (a cura di)

Il cielo sopra Roma
I luoghi dell'astronomia
R. Buonanno

Buchi neri nel mio bagno di schiuma
ovvero L'enigma di Einstein
C.V. Vishveshwara

Il senso e la narrazione
G. O. Longo

Il bizzarro mondo dei quanti
S. Arroyo

Il solito Albert e la piccola Dolly
La scienza dei bambini e dei ragazzi
D. Gouthier, F. Manzoli

Di prossima pubblicazione

Storie di cose semplici
V. Marchis

noveper**nove**
Sudoku: segreti e strategie di gioco
D. Munari

Il ronzio delle api
J. Tautz

Perché Nobel?
M. Abate (a cura di)